大雁文化

大樂文化

阿德勒教你用傾聽給人勇氣

1句話、1個眼神，
就能讓對方敞開心房的療癒技巧！

【復刻版】

岩井俊憲◎著　黃瓊仙◎譯

アドラー流一瞬で心をひらく聴き方

CONTENTS

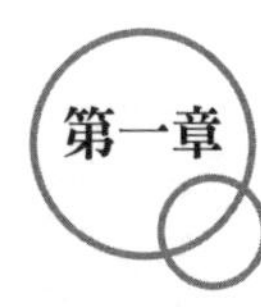

第二章

CONTENTS

第四章

阿德勒教你，讓反對者軟化的14個方法

阿德勒說：「絕不能侵犯對方的權利。如果尊重對方的權利，交由對方決定，就能信賴自己、信賴他人。」

CONTENTS

第五章

阿德勒教你，激勵團隊及驅使他人行動的高招

CONTENTS

第六章

阿德勒說：「人的心理與物理學不同，指責問題的原因，只會剝奪別人的勇氣，應該將焦點放在如何解決、是否有解決的可能性。」

CONTENTS

第七章

掌握個性類型，就能知己知彼百戰百勝 219

阿德勒說：「這個世界上確實存在著惡、困難及偏見。然而這是屬於我們的世界，它的好處與壞處也都屬於我們。」

前言
保有自己，也尊重對方的阿德勒傾聽術

「跟初次見面的人無話可聊。」
「口才不好……。」
「老是太多嘴。」
「個性內向，怕陌生人。」
「無法敞開心房與人交談，建立友好關係。」

你有以上的煩惱嗎？

透過講座、企業研修課程、心理諮商，我時常與各式各樣的人接觸，發現不分男女老幼，幾乎每個人都有溝通方面的困擾。

經常有人因為工作上需要聽別人說話，而想磨練自己的說話技巧，於是向我尋求協助。

無論如何，當我們與人交談時，總是會將注意力鎖定在說話上。

「口才一定要好。」

「一定要掌握發言權。」

「一定要磨練簡報技巧。」

不過，擅長傾聽的人才能真正贏得別人的信賴。

阿爾弗雷德．阿德勒（Alfred Adler）提倡的阿德勒心理學，正是培養溝通能力非常有效的觀念和實踐方法。

不論你是口才不佳、天性害羞或是話太多，只要學會阿德勒傾聽術，一定能敞開對方心房，建立互相尊重的信賴關係。

如果能**在彼此尊重的情況下，建立真心溝通的關係**，溝通困擾和人際關係問題，一定會大幅減少。

不擅長交談的人通常有以下特徵：

口才不佳的人

☑ 不擅長交談。

☑ 被別人說「我不曉得你想表達什麼？」

☑ 不懂得如何配合對方的要求說話。

☑ 被別人說「你的話太冗長了」。

☑ 從未有人對你說「我想跟你聊天」。

天生害羞、個性內向的人

☑ 交談很快就結束。

☑ 不擅長主動發言。

☑ 發現自己總是被孤立。

☑ 一開口就會緊張，腦中一片空白。

☑ 無法持續與人交談。

話太多的人

☑ 常被別人問「你有在聽我說話嗎？」

☑ 在職場或私底下，都曾被說「你話太多了」。

☑ 人際關係無法長久。

☑ 工作一直沒有成果。

然而，你學會敞開對方心房的傾聽術後，每天會有這樣的改變：

☑可以輕鬆與人交談。
☑別人對你說「想再跟你見面」、「想跟你聊更多的事」。
☑即使自己沒有說很多話，也能贏得信任。
☑能敞開心房與人交談。
☑可以輕鬆掌握對方的需求，解讀對方的心情。
☑被大家認為「你很特別」，無法忽視你的存在。
☑別人更樂意聽你說話。

不論在職場或私人場合，擅長傾聽的人都很受歡迎。

本書最適合有以下狀況的人：

- ☑ 與初次見面的人沒話聊。
- ☑ 覺得自己口才不佳。
- ☑ 很怕陌生人。
- ☑ 從事傾聽別人說話的工作。
- ☑ 帶領部屬或後輩一起合作。
- ☑ 工作上需要經常開會或諮商。
- ☑ 想與顧客建立良好關係。
- ☑ 想與朋友或合作夥伴敞開心房交談。
- ☑ 常被問「你有在聽我說話嗎？」
- ☑ 覺得自己話太多。

當你學會傾聽術，會覺得人生豁然開朗。

如果你希望「成為能與每個人敞開心房交談的人」、「想贏得對方更多的信賴」、「讓別人想再與你聊天，只信任你」，一定要閱讀本書，培養傾聽力，建立互相尊重的人際關係。

阿德勒說：「勇氣是克服困難的活力，缺乏勇氣的人一
遇到困難，就會墜入人生的黑暗深淵。」

序章

用阿德勒心理學的傾聽術，賦予他人行動的勇氣

本章從阿德勒心理學的眾多觀念中，擷取與傾聽術有關的用語和觀念，並加以解說。

阿德勒心理學的基本功

本書以阿德勒心理學為基礎，介紹傾聽術與人際交往術。首先要了解阿德勒心理學的全貌。

1 在歐美地區，阿德勒與佛洛伊德、榮格並稱為「心理學界三大巨擘」。

2 阿德勒心理學是由阿德勒所創造，再由後繼者發揚光大。

3 阿德勒心理學在指導部屬、育兒、心理諮商等方面，對於傾聽、談話、人際交往術都很有幫助。

對於現代人的自我啟發，有重大影響力。

阿德勒心理學全貌

阿德勒心理學的理論，大致可區分為以下項目。

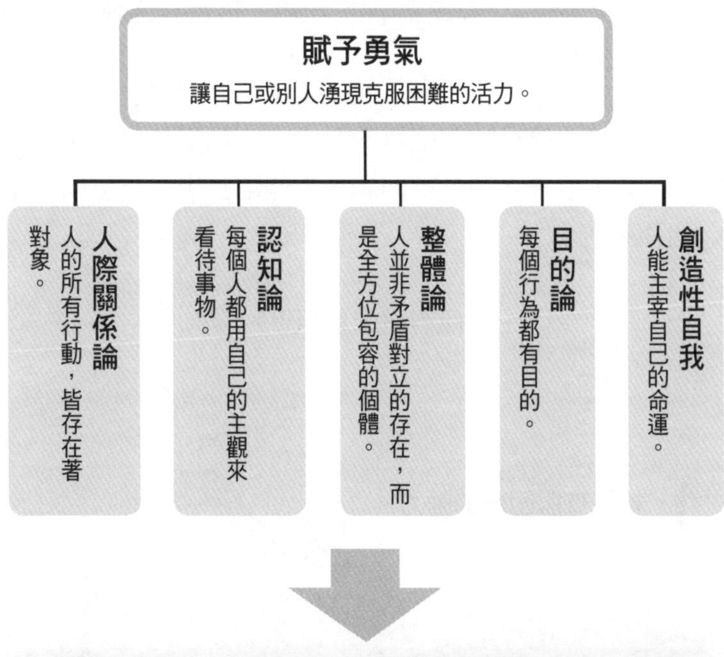

賦予勇氣
讓自己或別人湧現克服困難的活力。
創造性自我
人能主宰自己的命運。
目的論
每個行為都有目的。
整體論
人並非矛盾對立的存在，而是全方位包容的個體。
認知論
每個人都用自己的主觀來看待事物。
人際關係論
人的所有行動，皆存在著對象。
共同體感覺
當一個人認為「擁有屬於自己的容身之處」、「人是值得信賴的」、「自己對他人有幫助」，這就是共同體感覺。

接下來，將針對以上項目，解說與傾聽術、溝通術有關的用語。

賦予勇氣——如何讓人湧現克服困難的活力？

阿德勒心理學可說是「賦予勇氣的心理學」。賦予勇氣，指的是「給予克服困難的動力」。如果能養成賦予勇氣的習慣，就算遇到各種問題，也能培養出用自己的力量克服困難的動力。

何謂賦予勇氣？

1 給予克服困難的動力。

2 不是讚美，也不是激勵。

3 不僅能讓積極的人更積極，也能給予意志消沉、處於憂鬱狀態的人克服困難的動力。

4 自己給予自己動力。

5 在「尊敬」、「信賴」、「同理心」的基礎下，與人建立良好關係。

與人交往時，如果能夠給予別人勇氣，對方就會覺得「這個人值得信賴！」

讚美與賦予勇氣的話的特徵

讚美的話

了不起！

做得好。

你盡力了。

【讚美辭彙的弊病】

- 乍看之下，這些句子是在讚美別人，實際上卻帶著居高臨下的態度，給人評價對方的感覺。
- 對方可能會產生壓力。
- 受到讚美的對象，可能會變成沒有獎勵就不會行動的人。

賦予勇氣的辭彙

〇〇先生這次如願以償，我也很開心。

這是〇〇小姐努力爭取的結果！

這次你幫了我不少忙！

【賦予勇氣的辭彙造成的效應】

- 因為具有尊敬、信賴、同理心的基礎，較容易建立信賴關係。
- 對方會變得主動積極。

賦予勇氣必備的三種態度

賦予勇氣必須具備三種態度。首先是與對方拉近距離的「同理心」。第二種是不管對方處於何種情況，你都會在背後支持他的「信賴」。第三種是不差別對待，無條件尊敬對方，以禮相待的「尊敬」。只要具備這三種態度，自然就能有賦予勇氣的能力，順利敞開對方心房，達到傾聽目的。

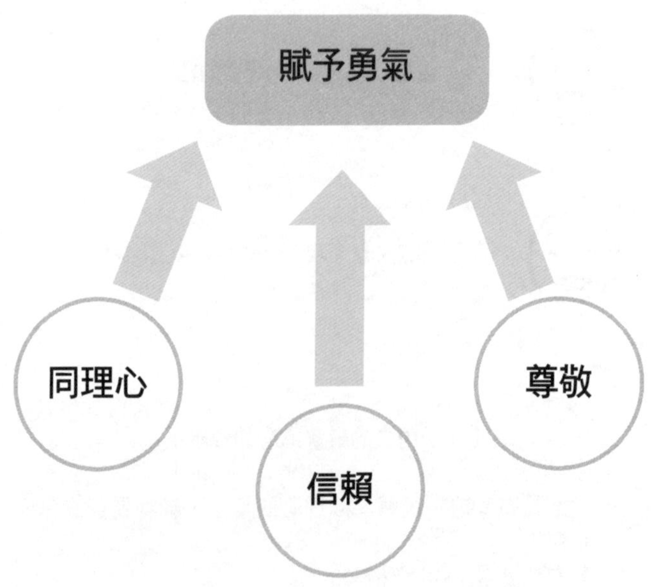

賦予勇氣的五項技巧

想賦予勇氣，必須學會下列五項技巧。確實實踐這些技巧，就能敞開對方心房。不論是在職場或私人場合，這五項技巧都能協助你順利扮演傾聽者角色。

1 表示感謝之意

找出感謝對方的事，以言語或態度致意。

2 找出對方的優點

留意對方的優點，並當面讚美。

3 徹底扮演傾聽者

不以自己為主角，交談時將對方當成主角，徹底扮演傾聽者。

4 認同對方的進步與成長

觀察對方的行動細節，讚美他進步或成長的部分。

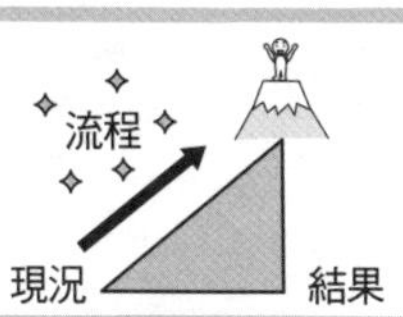

5 包容失敗

如果對方失敗，不要苛責，而要溫暖地包容。

目的論——如何讓人覺得你是站在他那邊？

阿德勒心理學的「目的論」認為，人類的行動都有其目的。這個觀點，與主張過去的原因會對現在造成重大影響的「原因論」，正好相反。

在傾聽時，如果將焦點鎖定於過去的原因，就會一直思索「為什麼會變成這樣」，進而想苛責對方，而無法敞開心房。如果能建立有建設性的想法，將焦點放在未來，思索「該怎麼做，才能把〇〇做好」的策略，就能贏得對方更多的信賴。

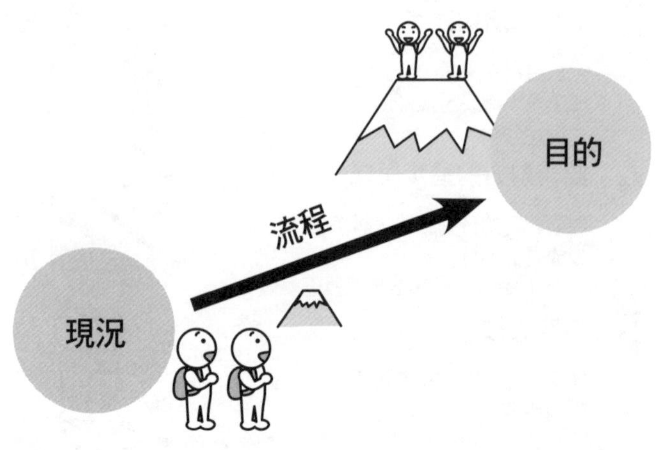

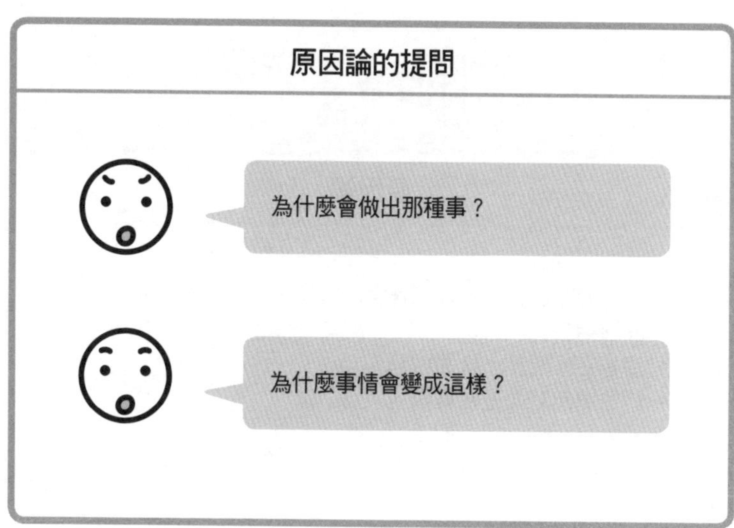
原因論的提問
為什麼會做出那種事？
為什麼事情會變成這樣？

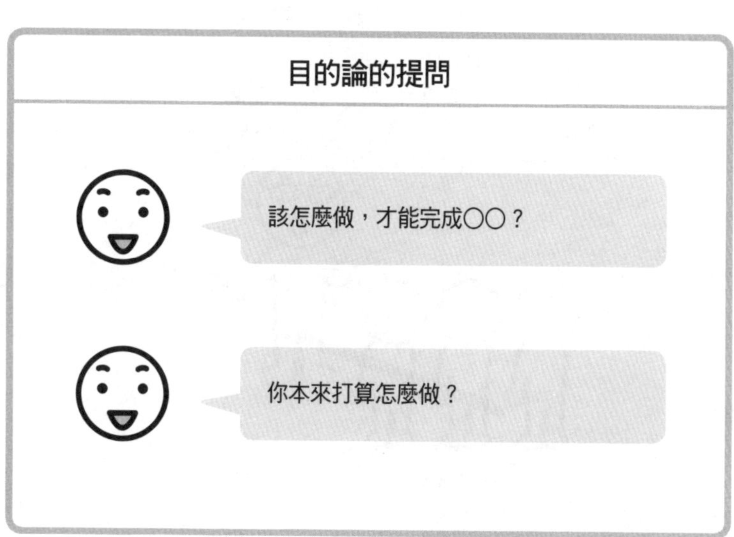
目的論的提問
該怎麼做，才能完成○○？
你本來打算怎麼做？

原因論與目的論的差異

原因論

- Why的想法：「為什麼會變成這樣？」
- 關注過去。
- 總是在意缺點、負面部分。
- 語氣聽起來像是在責備。

目的論

- How的想法：「該怎麼做，才能完成〇〇？」
- 關注未來。
- 在意可能性、未來的發展性。
- 語氣聽起來有「與你同在」、「我支持你」的感覺。

想敞開對方心房，傾聽對方心聲，要以目的論的觀點出發，知道對方目的為何，就能知道他為何如此行動。

認知論——如何克服用自己的角度解釋發生的事？

每個人都擁有獨特的見解，就好像每個人都戴著一副專為自己訂製的眼鏡，然後透過這副眼鏡，來解釋經驗或發生的事情，並做出判斷與行動。這就是認知論。

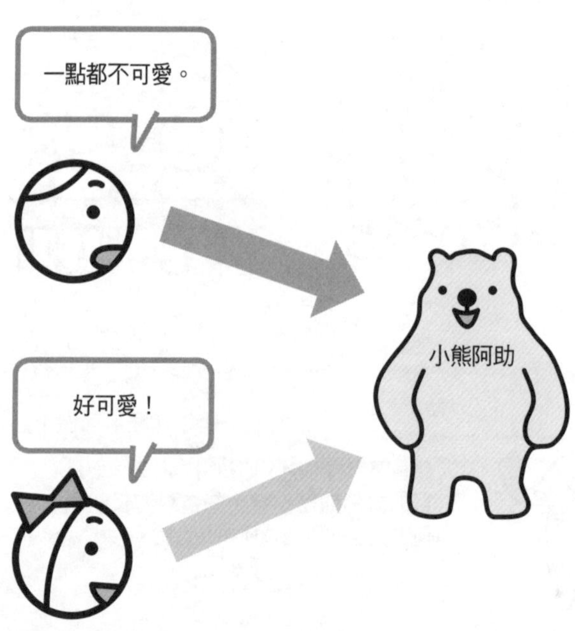

基本謬誤

阿德勒心理學將偏頗的主觀認知稱為「基本謬誤」（Basic Mistake）。最具代表性的有下列五種。

成見

事實絕非如此，卻抱持成見，自以為是。

他明天一定也會遲到。

誇張

把事情形容得非常誇大。

那傢伙老是遲到。

過度一般化

只要一件事沒做好，便認為其他事也做不好。

遲到的人一定做不好事情。

斷章取義

只擷取某部分，卻遺漏重要的部分。

（即使客戶的風評佳）因為他遲到，所以什麼事都做不好。

錯誤的價值觀

認為沒有價值，就失去存在的意義。

遲到的人最差勁，像這種人應該炒魷魚才對。

每個人戴的眼鏡（觀點）都不一樣

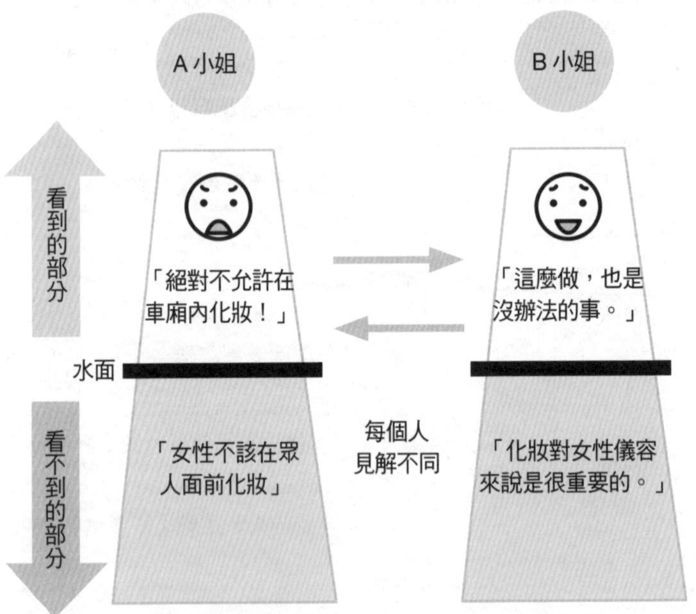
對於某位正在車廂內化妝的女性
A 小姐
B 小姐
看到的部分
「絕對不允許在車廂內化妝！」
「這麼做，也是沒辦法的事。」
水面
看不到的部分
「女性不該在眾人面前化妝」
每個人見解不同
「化妝對女性儀容來說是很重要的。」

「這位小姐懂得利用時間，很聰明。」

關心對方的見解（戴上眼鏡），指的不是要彼此意見一致，重點是傾聽對方的見解，並進行溝通。

透過三個重點解除偏見，真誠傾聽

1 清楚分辨對方的見解與事實

這是事實還是成見？

2 確認對方的見解是否有明確的依據

他這麼說，有什麼根據嗎？

3 在傾聽的同時，要留意自己是否戴上了先入為主的眼鏡

莫非這是我的成見？

在傾聽時，若能先分辨清楚認知論的觀點，就能避免問題發生。

人際關係論——如何不給建議，用同理心建立信任關係？

阿德勒說：「人的所有行動，皆是有對象存在的人際關係。」阿德勒心理學稱此概念為「人際關係論」。

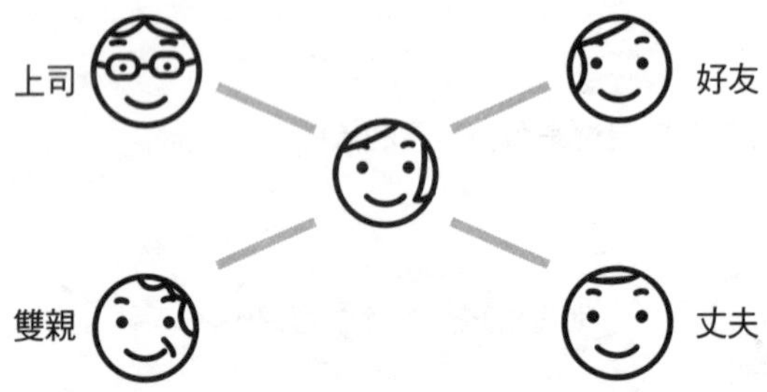

傾聽的三個重點

1 別想著要改變對方。

2 想了解對方，先觀察他的人際關係是屬於哪種類型。

3 維持對等（橫向）關係。

橫向關係

橫向關係是阿德勒心理學中非常重要的概念，指的是與對方建立對等關係。就算是指導部屬或是身為心理諮商師，在傾聽對方發言時，也一定要維持橫向關係。

即使在立場、年齡與職位上有差異，每個人都是對等的存在。以此概念傾聽，就可以建立真正的信賴關係。

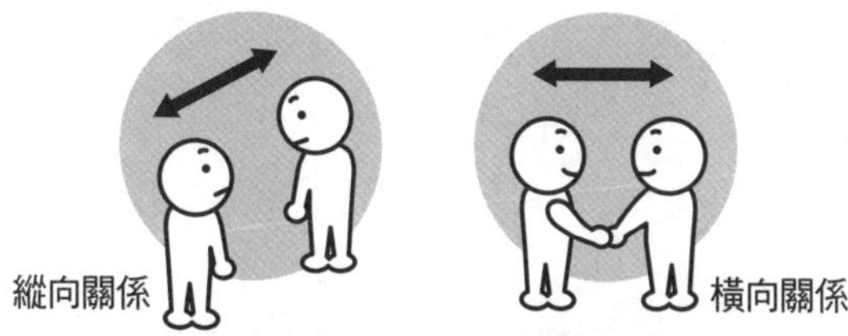

建立橫向關係的三個重點

1 不要想站在上位。

2 不需要貶低、看輕自己。

3 抱持彼此信賴、合作、同理心的態度，進行溝通。

同理心

阿德勒心理學的「同理心」，指的是要關心對方所關心的事物。人際關係不佳的人只懂得關心自己，與人交往時，總是以自我為中心。

另一方面，有同理心的人會想了解對方，而認真傾聽、提問，以對方為主找話題聊。因此，能與對方架起溝通的心靈橋樑。

阿德勒心理學視為心理諮商的技巧，受到廣泛運用。想成為傾聽高手，一定要有同理心。

覺得對方「看似可憐」而憐憫，進而產生優越感，變成支配、依賴的關係，這種心態不是「同理心」，而是「同情心」。兩者不同，千萬不要搞混。

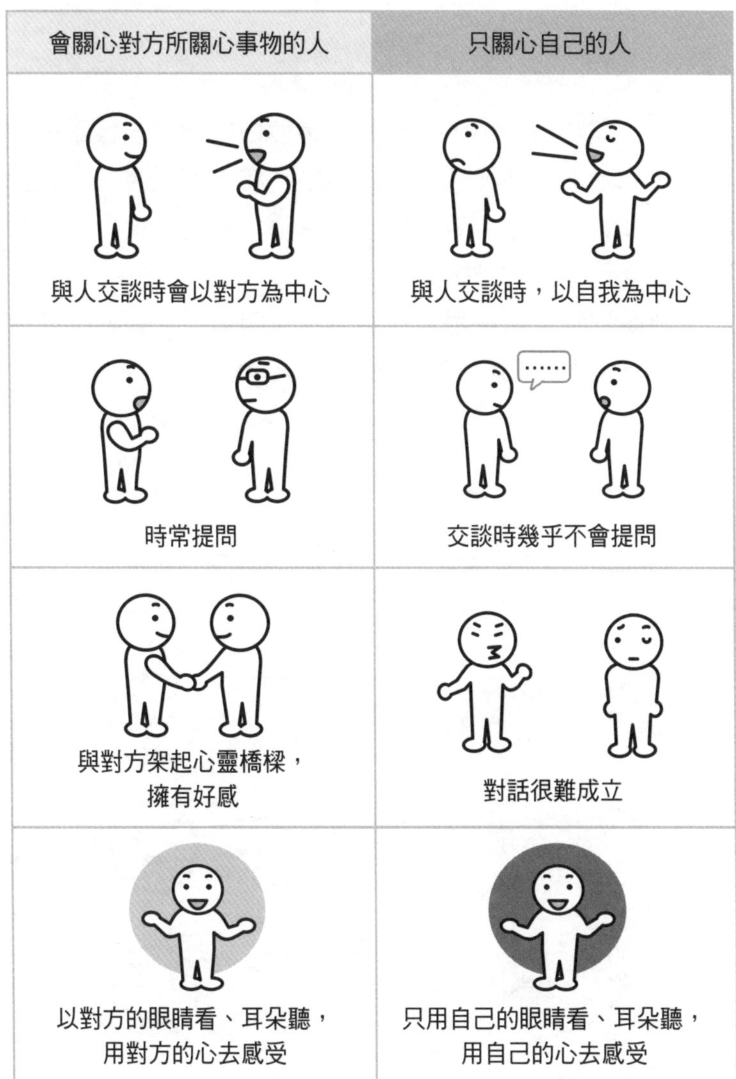

會關心對方所關心事物的人	只關心自己的人
與人交談時會以對方為中心	與人交談時，以自我為中心
時常提問	交談時幾乎不會提問
與對方架起心靈橋樑，擁有好感	對話很難成立
以對方的眼睛看、耳朵聽，用對方的心去感受	只用自己的眼睛看、耳朵聽，用自己的心去感受

課題分離

在人際關係論中，課題分離是與橫向關係一樣重要的概念。你是不是曾有過以下的經驗？發生問題時，雖然對方沒有拜託你，你卻替他發言或解決，過度介入對方的問題，甚至還跟他一起煩惱。

課題分離是指在兩人的關係中，明確區分對方的課題與自己的課題，並且互不介入彼此的課題。

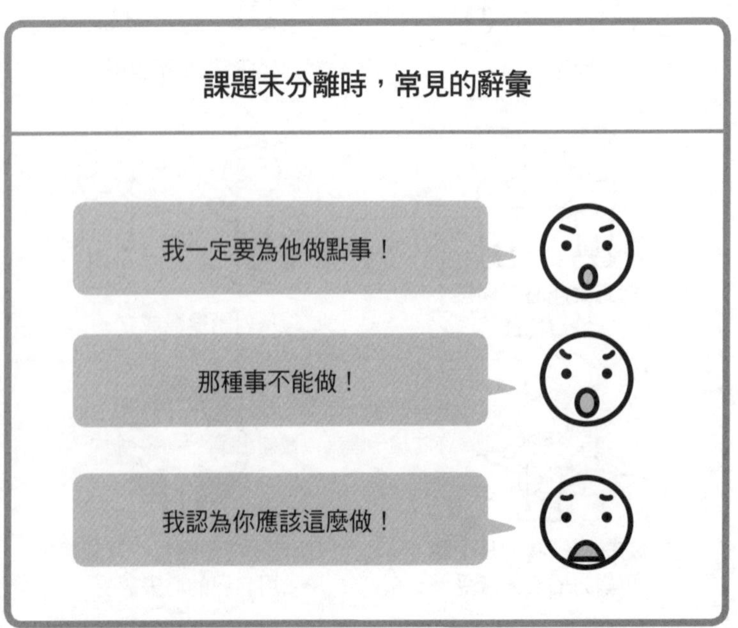

當心理諮商師傾聽患者訴說困擾，有時也會陷入同樣的困境中。如果沒有事先做好課題分離，就會出現這樣的情況。

在傾聽時，不要忘記提醒自己「對方的課題是他的問題」，這是避免彼此依賴，建立獨立關係的重要概念。

維持課題分離的傾聽三重點

1	不要介入對方的問題。
2	相信對方能自己解決問題。
3	若對方沒有向你求助，就不要給予建議或協助。

對方明確地向你求助時，你才給予建議，並伸出援手。

專欄

阿德勒心理學，對現代人的心理困擾是帖良藥

阿德勒心理學的創始人阿爾弗雷德・阿德勒，一八七〇年出生於奧地利，擔任眼科、內科及精神科醫師。後來，認識精神分析學的創始人西格蒙格・佛洛伊德（Sigmund Freud），創立名為「個體心理學」的思想體系。阿德勒心理學便是以這套個體心理學為基礎，加以發展而成。

阿德勒在世時，奧地利在第一次世界大戰後，成為戰敗國，之後迅速開啟民主化的過程，出現各種問題。在問題紛擾的社會氛圍下，阿德勒將心力投注於教育範疇，在維也納設立全球第一所兒童心理諮商中心。

近年來，阿德勒心理學普及全球，不僅運用於教育領域，也非常適合職場。在心理諮商、經營管理等領域，對於現代人面臨的各種課題，阿德勒心理學都是一帖良藥。

阿德勒說：「人的所有行為，都是具有對象的人際關係行動。人在行動時，永遠會想定『特定的某人』為對象。」

第一章

是否有這 5 個壞習慣，讓人不想跟你說下去？

不擅長傾聽的人大多有五種壞習慣。你和身邊的人是否有這些習慣呢？

1 總是忍不住打斷別人

無法把對方的話聽完，總是忍不住中途插話或打斷別人。會讓人覺得是個「只想聊自己的人」。一直插話，會讓對方覺得「這個人根本不想聽我說話」。

2 邊做事邊聽對方說話

在對方說話時，邊聽邊做其他事。忙碌時，或是不關心對方或他所說的話時，常會出現這樣的情況。對方會認為「不受尊重」、「這個人對自己漠不關心」。

不專心聽人說話，真是沒禮貌啊。
嗯，有那種事啊……
看手機
其實，傾聽時的態度非常重要。

3 只顧自己一直說不停

不聽對方說話，只顧自己發言。侃侃而談的一方當然開心，但會讓另一方覺得煩，很難建立對等的橫向及友好關係。

4 對別人的發言反應冷淡

對方很認真發言，你卻毫無反應。無法建立良好人際關係的人，常會有這樣的狀況。發言的人會心想：「這個人是不是不喜歡我？」

難道我說的
話很無趣？
……
他該不會討厭
我吧？
毫無反應

5 用說教的口氣否定對方

以批評的態度傾聽，否定與自己意見不合的部分，並且開始說教。雖然你想站在對方的立場發言，但對方會覺得「這個人不了解我」、「跟他說也沒用」、「他否定我的人格」，於是漸行漸遠。

重點建議

怎樣能在工作與生活都左右逢源、遇到貴人？

交談能讓人與人之間建立關係。但是，擁有前面所提五種特徵的人，很遺憾地，將無法與他人建立關係。

你若懂得傾聽，在職場或家庭都能擁有屬於自己的容身之處。認真傾聽的人是會尊重對方的人。其實，口才好的人不見得人緣也好。

在交談過程中，人與人的關係會變得更親密。想成為受人信賴的人，首先要培養傾聽的能力。

專欄

傳簡訊溝通？見面交談比較好

現在大家偏好用簡訊，傳達行程內容、討論事項或是表達謝意。不過，你要仔細斟酌傳送的內容，不要讓對方看過後，感到不開心或是產生誤會。另一方面，直接面對面交談時，可以用其他溝通方式，例如：肢體語言、手勢、表情、語調等，讓溝通更順暢，還能直接看到對方的反應，並加以修正。

如果傳簡訊，由於人們會重複閱讀內容，透過文字感受對方的憤怒或悲傷，因此**當簡訊內容涉及負面情緒（尤其是憤怒）或人格，就大事不妙了**。

所以，建議盡量不要透過簡訊溝通，而是直接見面交談，如此一來，能建立良好的人際關係。

阿德勒說：「重要的是共鳴感，就是用對方的眼睛看，用對方的耳朵聽，用對方的心感受。」

第二章

阿德勒認為，成功的人際關係有 6 種溝通特質

傾聽高手大致具備六種特質。本章將依序加以介紹。

特質1 運用渾身的肢體語言熱情回應

若能做到　**會讓對方覺得「跟這個人聊天很開心」。**

溝通的關鍵在於簡單易懂。傾聽高手不是只用辭彙回應對方，而是使用整個身體傾聽，所以會以肢體回應。

如果希望對方有「想再見面」、「想深入溝通」的想法，一定要用肢體語言來回應。

特質 2　完整聽完對方說話，讓人產生信賴

若能做到　**會讓對方覺得「這個人值得信賴」。**

急性子的人無法給人安全感。想建立親密的人際關係，安全感和信賴感非常重要。**傾聽高手深諳配合發言對象步調的重要性。**

等待是尊重對方的表現。每個人的說話方式不同，有人說話慢，有人說話快，有人要花很長的時間，才能將句子連結在一起。傾聽高手會耐心等待對方把話說完。

特質3 懂得提問，使對方的話題延續

若能做到 **你與對方會更加了解彼此。**

交談品質的好壞與否，關鍵在於傾聽者。如果傾聽者擅長提問、引導，就會不斷地產生新話題，讓彼此無話不談。

這樣的交談，在職場上可以確認彼此的想法或需求，而在私底下，可以讓彼此關係更親密。不管在公或私領域，大家都會想與你親近。

特質 4　雖然口才不好，但懂得用心聽

若能做到　**就算口才不好，也能與對方更親近。**

想建立良好的人際關係，傾聽比說話更重要。以成交為目的的業務員，要用心傾聽顧客有什麼困擾，希望解決哪方面的問題，然後依照需求，提供讓顧客滿意的商品。為顧客著想的商業話術，才能讓彼此的關係長久。

人會對願意聽自己說話的人產生好感。因此，不論在職場上或私人場合，傾聽高手都深受歡迎。

特質5 不愛批評指責，天天正面思考

若能做到 **圍繞你身邊的人都是積極進取的人。**

讓別人覺得「跟這個人在一起，會變得樂觀開朗」、「跟他在一起會充滿鬥志」的人，在傾聽別人發言時，會用正面辭彙回應。於是，他身邊聚集越來越多積極進取的人，建立充滿正能量的人際關係。

如果你不想待在只會說人壞話或批判別人的環境，建議你養成用正面辭彙回應別人的習慣。

能有這樣的結果，
真是開心！
○○先生
就是這麼貼心。

特質 6　給予對方勇氣，成為別人的助力

若能做到　**你也能受到貴人的幫助。**

阿德勒心理學的重點就是「賦予勇氣」的概念（請參考本書第26頁）。**傾聽高手不會蔑視對方，也不會逢迎諂媚。**他會與對方建立對等關係，以肯定對方的態度傾聽。

大家不會批評肯定自己的人。所以，能賦予別人勇氣的人，就是所有人的貴人。

阿德勒心理學的「賦予勇氣」概念，常被用於心理諮商、教育、指導部屬等領域。

能順利嗎？
如果你的努力能開花結果，我也為你開心！

一分鐘學會，讓對方侃侃而談的「傾聽 8 要訣」

能敞開對方心房，用心傾聽的人，可以使對方侃侃而談，而成為說話高手。關於這一點，將在第三章中具體說明，在此先傳授讓對方侃侃而談的八個傾聽要訣。

1 姿勢

姿勢要比對方更正式有禮。

2 態度

態度主要是指遣詞用字，說話語調要比對方更有禮貌。

3 距離

視關係保持適當距離。除家人、情人外，距離最好維持在1.2公尺左右。

4 表情

配合對方的發言內容，以適當的表情回應。

5　視線

說話時，視線落在對方喉嚨至嘴巴的位置（凝視對方的眼睛，會讓他有壓迫感）。

6　回應

適當地回應，不要讓對方感到厭惡。適時說「原來如此」、「嗯」、「然後呢」，讓對方有節奏地繼續話題。

7　提問

針對對方話題內容提問，不要偏離主題。譬如「那是什麼時候的事？」「當時什麼事讓你印象最深刻？」

8　確認（重複確認、明確化）

傾聽的人要表現出自己的理解程度，縮短與發言者之間的認知差距。

重複確認：重複一次對方說的話。
例如：對方說「這件工作要多久的時間完成？」
　　　你說「你是問這件工作何時完成嗎？」

明確化：推測對方話中隱藏的情報或感情，並確認。
例如：對方說「這件工作要多久的時間完成？」
　　　你說「你是不是有事想商量呢？」

做到以上八點，就能以同理心傾聽對方說的話，不會產生違和感。

專欄

沒機會見面怎麼辦？那就打電話吧！

上一個專欄中提到，不要傳簡訊，要直接見面交談。不過，若是沒有機會直接見面，該怎麼辦？此時，建議你用電話溝通。

透過電話溝通，雖然無法像見面時，能直接觀察肢體語言、手勢表情，但能透過聲調、遣詞用字來修正說話方式，**會更用心找出彼此的共同點，悉心維繫彼此的關係**。相較於見面交談，電話溝通有時更能侃侃而談，而且比起傳簡訊，雙向溝通的效果會更好。

尤其是彼此意見相左、話題可能傷到對方心靈，或是無法以簡訊清楚表達意圖時，請使用電話溝通吧。

阿德勒說：「如果對狹隘關係中的常識產生疑問，建議以更宏觀的視角來看，並借用更多人的智慧。」

第三章

阿德勒教你，讓談話變愉快的12 個技巧

即使口才不好或天性害羞，只要學會傾聽的基本技巧，便能成為值得信賴的人。本章將傳授傾聽技巧，希望各位牢記。

讓對方先發言，這是成為說話高手的第一步

● 只有一方在發言，稱不上是交談

接下來，介紹讓發言者與傾聽者產生連繫的溝通技巧。

溝通的英文是「communication」，有「互相結合、連繫」的意思。換句話說，就是傳送訊息的人（發信者）與接收訊息的人（受信者），透過記號（言語、表情、肢體語言、手勢等）連繫。連繫的內容有訊息、情緒、意志等。

要先記住一個重要觀念：**如果只有單方在發言，溝通將無法成立**。好比投手用心地投球，如果沒有捕手接球，就會變成暴投。因為有接收訊息的人，訊息才能傳送出去。

● 傾聽高手會讓對方先發言

此外，還要請各位牢記：**比起當傾聽者，人們更喜歡當發言者。**

比方說，昔日老友隔十年再見面時，許多人會先聊自己過去的點點滴滴，講完後才說：「對了，你這十年過得如何？」

如果想營造和樂融融的交談氛圍，應該先讓對方發言，待對方準備扮演傾聽者角色時，你再發言。

總之，不要急著發言，先扮演傾聽者角色。

注意3件事，對方會覺得你超貼心

想成為傾聽高手，心態比技巧更重要。在學會技巧前，請先建立三個最基本的心態。

1 控制「我有話要說」的意念

當雙方都有話想說，會不曉得該由誰先發言。遇到這種情況時，不要猶豫，先將發言權交給對方。

你先認真傾聽，等到你發言時，
對方也會用心傾聽。

原來是這樣啊，我也對這件事相當困擾……

2 放下手邊工作，朝向對方，視線相會

即使你正在打電腦或是看報紙，只要對方一開口，你得放下手邊工作，轉身看著對方，在視線交會下傾聽對方發言。

傳達用心傾聽的態度。

3 用心觀察

如果還沒輪到你發言，在傾聽時除了用心聽取對方的每個字句，還要仔細觀察對方的表情、肢體語言、手勢、姿勢等。

要解讀語言以外的訊息。

技巧 1

「少問多聽」的3個重點

與人交談時，切記傾聽比提問更重要。傾聽的英文是「listen」。在文法使用上，後面還要加上介係詞「to」。「listen to the music」的意思是聽音樂。

當聽別人說話，除了**用耳朵**，**還要用眼睛接收對方傳達的訊息**、**情緒及意念**。換句話說，傾聽時要運用五感來觀察，並且回應。

切記不要只針對自己關心的領域提問，更不要讓對方感覺受到訊問。

傾聽 ＞ 提問 ＞ 訊問

傾聽時的三個注意重點

1 鎖定對象傾聽

2 傾聽時，要誠懇、積極，並做出回應

3 邊觀察邊傾聽

技巧2 抱持感興趣的態度去聆聽

若你抱持同理心傾聽，話題便會延伸出去，你會更深入了解對方，建立親密的羈絆關係。

在交談時，我們該對哪些事抱持同理心呢？答案是對方的談話內容與人品。只要你留意傾聽對方，他就會敞開心房與你溝通。然後，便能從對方的談話內容發展，進而對他的人品感興趣。

譬如，與初次見面的人交換名片、自我介紹時，會自然地聊到出生地，假如你問對方是哪裡人，說不定會發現彼此是同鄉或是有相同興趣，拉近雙方的距離。

若能建立「信賴」關係，就算是工作上初次見面的人，也能像朋友般相處。抱持對對方感興趣的態度傾聽吧！

「投契關係」是指彼此架起「心靈溝通橋樑」，並且建立互信關係的狀態。

建立投契關係（信任關係）的方法

對對方的談話內容感興趣

對方：要馬上掌握顧客當下的想法，真的很難。就像釣魚時，很難拿捏浮標浮起又下沉的那一瞬間。

你：你說得沒錯。為了不讓大好機會溜走，一定要戰戰兢兢。

你：這麼說來，佐藤部長您有在釣魚嗎？

對對方本人感興趣

對方：每個月都會釣魚一次。

你：這樣啊！我也好喜歡釣魚。我喜歡海。

對方：是嗎？那麼下次我們一起搭船出海釣魚吧！

技巧3 不抱持成見就能聽到真話

有的人說話時，會抱持成見來判斷。這種人常會說「就是○○」、「一定是○○」。不過，一旦對某人抱有成見，就會錯失觀察到對方另外一面的機會。

比方說，你認定經常遲到的人就是「懶散的人」，即使這個人其實深得客戶信賴，你還是覺得他的工作態度懶散，看不到他贏得客戶信賴的優點。

所以在傾聽時，請務必提醒自己不要抱持成見。你可以對發言內容抱持「推測」的態度，**但是對當事人抱持成見，認定他就是「○○的人」，就會錯失其他的可能性。**

不論在職場或私人場合，傾聽時請不要帶有成見。

不抱持成見的三個傾聽方法

1 除了傾聽對方的發言內容，也要觀察對方的非語言部分，例如：表情、肢體語言、手勢等。

2 自己信賴的傾聽高手會怎麼判斷呢？在傾聽的同時邊推測。

3 向第三者確認自己的推測是否合宜

技巧4 回應時，把對方當作主角

回應是指配合對方的發言，利用「嗯」、「原來如此」、「然後呢」等辭彙，表示認同。相對地，點頭則是利用肢體或表情，來附和對方。

傾聽高手會把對方當成主角，充分利用回應、點頭。

除非是熟悉彼此的人，否則交談時沒有點頭或回應，對話很容易中斷。有時，發言者甚至會認為「難道他討厭我？」「這個人是不是對我說的話，或是對我不感興趣？」

回應高手除了會以辭彙表示認同，還會搭配點頭等肢體語言，並實踐左頁的三種傾聽方法：①認同、同意，②驚喜、感動，③誘導、繼續。

「回應」的日文漢字是「相槌」。根據《廣辭苑》，這意指「在煉鐵時，弟子與師傅面對面，互相打鐵的情景。」

三個有效的回應、點頭方法

1 認同、同意：「原來如此。」「是這樣嗎？」「我也有同感。」

客戶公司的 A 課長雖然很年輕，但是非常優秀吧？

是啊，沒錯。

2 驚喜、感動：「咦？」「真的嗎？」「了不起！」

聽說那個人是被挖角進公司，是未來的主管人選。

3 誘導、繼續：「然後呢？」「所以呢？」「請告訴我詳情。」

技巧5 視線落在「嘴」比較自然

當你聽對方說話時，是否不知道該看哪裡？

歐美地區的溝通類書籍，幾乎百分之百都寫著「要注視對方的眼睛」。但在日本，一直凝視對方眼睛說話，會讓人有壓迫感，於是有人主張看著對方胸前或領帶結的部位。然而，更自然的方式是看著對方的嘴。

各位應該聽過「拍照視線」這個理論，眼睛一直盯著與自己呈水平方向的照相機，眼神會變得嚴肅。**如果視線落在水平位置下方五度的地方，相機鏡頭會捕捉到柔和的眼神**。

因此在傾聽時，請提醒自己視線要落在對方嘴部的位置，能讓對方留下溫柔的好印象。

外表會讓人留下深刻印象，如果能塑造柔和眼神，就能提升你在對方心中的好印象。

看著對方嘴部的優點

1 讓對方覺得溫柔的眼神

看著對方眼睛

可怕的凝重表情

看著對方的嘴

平靜沉穩的表情

2 不要讓人覺得你想避開視線

3 嘴部周圍有許多表情肌，因此看著對方的嘴，可以觀察到對方微妙的表情變化

技巧 6 聲調抑揚頓挫自然不沉悶

請試著以高亢的聲調說：「你非常努力呢！」這是否會讓對方覺得語氣略帶嘲諷？或是以超級低沉的聲調說同樣的話，是否有威脅的感覺呢？

由此可知，聲調會影響對方的觀感。

新婚妻子以開朗的聲調迎接回家的丈夫：「啊，你回來了！」丈夫心裡會覺得：「這麼早回家真好」，而感到開心。

要是換成結婚十五年的妻子，以暗沉陰鬱的聲調說：「啊，你回來了。」這時丈夫會覺得：「這麼早回家真是失策……。」

同樣一句話，只因為說話者的語調不同，給人的印象也會天差地遠。

跟回應、點頭致意一樣，親眼所見的影響力，遠比親耳所聽來得大。
甚至，聲調的影響力遠比語言本身還強大。

因應心情改變聲調

技巧 7 用容易理解的辭彙去表達

在社會心理學，有個專有名詞叫做「同調現象」，指的是在交談時，彼此以相同速度發言、重複關鍵字，或是擺出相同姿勢。

在溝通時，遣詞用字當然重要，但說話結巴會顯得不夠知性，也會讓對方感到不舒服，心想：「這個人沒問題吧？」

請注意遣詞用字要淺顯易懂，別讓對方不舒服。

優秀的面試官，是善用同調性溝通技巧的達人。

讓信賴蕩然無存的遣詞用字

年輕人辭彙

「是指〇〇嗎？」
「對我來說」
「好像是」

讓年長者覺得有代溝。

歸納
對方話語
的辭彙

「所以」
「總之」
「簡單來說」

對方覺得話題被打斷。

一直出現
非單字的辭彙

「那個……」
「咦？」
「嗯……」

讓對方感到焦慮。

【贏得對方信賴的遣詞用字三重點】

1 每個句子簡短就好。
2 以「，」（逗點）或「。」（句點）」穿插在句子之間。
3 一直無法告一段落時，使用「總之」、「因此」等接續詞。

技巧8 因應對方發言內容去提問

提問時，有人會一直針對自己想知道的事情提問，有人則是中途插話提問。

不過，正確提問的要訣，是認真傾聽對方想說的內容，然後因應對方的話來提問。

★以傾聽者為主的傾聽方法

A先生：「我去過尼加拉瓜瀑布。」

B先生：「啊，我也去過。我也看過伊瓜蘇瀑布，跟日本的瀑布規模截然不同。」

POINT

- 發言的A先生覺得發言主導權被搶走了。
- A先生無法繼續他想說的尼加拉瀑布話題。
- B先生的回應等於搶了對方的話題，將話題引導至自己關心的事。

★拉近與發言者距離的傾聽方法

A先生：「我去過尼加拉瓜瀑布。」

B先生：「對了，我也去過。你是什麼時候去的？」

A先生：「十月底。」

B先生：「啊，那時候去很好。我是十月去伊瓜蘇瀑布旅遊，你對尼加拉瓜瀑布的印象如何？」

POINT

- 因應發言者本身想聊的內容提問。
- 發言者A先生對談話感到滿足。

如果能發展成這樣的對話，交談就會變得熱絡。

1 以尼加拉瓜瀑布話題為主，不經意透露自己也去過。
2 途中插入伊瓜蘇瀑布的話題。
3 再針對國外瀑布與日本瀑布的差異，讓話題繼續。

提醒自己因應對方想說的內容，以同理心傾聽。

技巧9 善用開放式與封閉式問題

想培養傾聽能力，首先要學會提問。在此要先說明的是，問題大致可分為開放式與封閉式兩大類。

所謂開放式問題，就是被詢問者**無法以「YES」（是）或「NO」（不是）回答的問題**。譬如，使用5W1H中的WHEN（何時）與HOW（如何）來提問。

舉例來說，「你看過那部電影了嗎？」屬於封閉式問題，被詢問者會用「是」或「不是」來回答。

讓話題繼續的問題，就是開放式問題。讓話題結束的問題就是封閉式問題，請先記住這兩大類型。

開放式問題
無法以「是」、「不是」來回答的問題

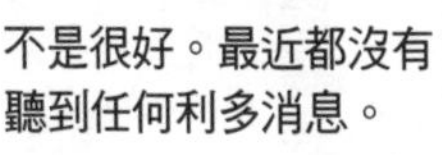

不是很好。最近都沒有
聽到任何利多消息。

最近，你們那一行
如何呢？

封閉式問題
能以「是」、「不是」回答的問題

是的，多虧您才得

貴公司的業績和去年相
比，改善了嗎？

技巧10 確認開口的時間點，以免……

封閉式問題經常用於準備開口發言的場合。

若你問：「已經放暑假了嗎？」對方回答：「是的」，你可以再問：「計劃去哪裡玩嗎？」對方回答：「去輕井澤。」接下來，就能以開放式問題延伸話題。

當對方說：「夏日嘉年華好熱鬧。」你不知道什麼是夏日嘉年華，便問：「咦，什麼是夏日嘉年華？」彼此可以針對這個話題再深入討論。

如果一直使用封閉式話題，很可能會變成質問的語氣，請務必注意。

✕

上司：「那件工作完成了嗎？」
下屬：「啊，還沒。」
上司：「你到底有沒有鬥志啊？」
下屬：「有。」
上司：「該不會那件工作不適合你吧？」

適合封閉式問題的三種情境

1 打開話匣子時

2 確認內容時

3 連續以封閉式問題來提問，會變成質問的語氣

技巧11 不要問「為什麼」，因為……

在說出WHY（為什麼）之前要三思，如果使用時機不當，可能會傷害到對方的人格。尤其在錯誤發生時，或是針對對方個性，使用帶有否定意義的「為什麼」，會傷害到對方的自尊心。

其實，詢問為什麼也能具備正能量。譬如，對於現況或已經發生的事，詢問「為什麼〇〇商品營業額會減少」，可以找到根本原因。對於成功人士的成績或優點，詢問為什麼，將得到寶貴資訊。我稱此為詢問式的為什麼。

當你想問為什麼時，若是擔心會觸及負面部分，就用HOW（如何做才好）來代替，便能將焦點轉移到解決策略，避免人身攻擊。

使用「詢問式的為什麼」時，注意語調要保持平穩。

不使用讓人無法反駁的「為什麼」

把讓人無法反駁的「為什麼」，換成「如何做才好」

× 為什麼犯這種低級的失誤！
○ 該如何做，才能避免失敗呢？
說到為什麼，其實我也不想失敗。

× 為什麼你這麼沒有耐性呢？
○ 你覺得怎樣才能更積極一點？
說到為什麼，你去問問我媽媽。

詢問式為什麼

為什麼○○商品的營業額減少呢？
競爭對手 D 公司的新商品有段時間很受歡迎……

○○先生，為什麼公司現在可以一切都上軌道呢？
那是因為……

技巧12 面對負面語言，該如何回話？

心理諮商有個名為「語尾複誦」的方法，就是重複確認對方的語尾內容。

當對方說「因為○○好辛苦」，你再說一次「真的很辛苦」。當對方說「那是一段快樂的回憶」，你說「是啊，是一段快樂的回憶」。透過複誦對方的情緒，讓對方覺得「這個人懂我的心情」。

不過，**傾聽者若是直接複誦對方的負面語言，反而會讓對方的意志更加消沉**。假如你複誦負面情緒的語言，建議接下來說些正面情緒的語言。

複誦對方正面情緒的語言

最近每天都好累。賣命工作，努力爭取訂單。

雖然累，但是你很認真工作呢。

希望自己能有所成長。

你不只努力，也希望有所成長。

你：「當時，因為失敗吃了不少苦。」

- 只強調負面情緒的說法。
- 讓對方覺得你能體會他的心情。
- 讓人覺得你只關心負面情緒。

你：「雖然現在苦盡甘來，但當時因為失敗吃了不少苦。」

- 最後是負面情緒的說法。
- 雖然前半段是正面語言，但是對方會覺得你特別強調「過去的失敗及痛苦」等負面部分。

○

你：「當時因為失敗吃了不少苦，但現在苦盡甘來，整個人充滿朝氣。」

- 最後以正面語言作結。
- 雖然有負面語言，但最後強調成功克服難關，聽者會覺得有正面激勵感。

一張辭彙表，讓對方充滿正能量

以下將介紹轉換負面語言為正面語言的例子。

缺點	轉換辭彙
做事馬虎敷衍 不會表達自己的意見	心胸寬大 具有協調性
愛擺架子 八面玲瓏 叛逆	有自信 擅長與人相處 很獨立
迷糊粗心	不拘小節
容易得意忘形	很能自得其樂
懶散	不拘小節
我行我素	有主見
個性拘謹 易怒 善變 頑固	有禮貌 感情豐富、熱情 有個性 意志堅強
思慮不周	行動派、直覺派
容易被騙 散漫 性急	坦率、純真 大方 感情豐富、熱情

缺點	轉換辭彙
很會做表面功夫	社交能力強
冷漠	冷靜、客觀
任性 愛哭鬼	很獨立 感情豐富
粗暴	健壯
行為輕率，不考慮後果 沉默寡言	有行動力 擅長傾聽
情緒起伏激烈 囉嗦	感情豐富 開朗、活潑、有朝氣
漫不經心	有自己的步調
易怒 多嘴 行為大方 溫馴 不幽默	熱情 喜歡跟人聊天 與大家相處融洽 穩重 認真
嘴巴壞 嘴巴藏不住話 口才不好 個性陰鬱	有話直說 很能表達自己的情緒 慎選辭彙，不會亂說話 重視自己的內心世界

缺點	轉換辭彙
在意別人 不服輸	體貼他人 有上進心
愛開玩笑 自尊心強	取悅大家 對自己有自信
強勢 不懂拒絕	有領導大家的能力 個性溫柔
愛管閒事	喜歡照顧別人
依賴心重 容易放棄 固執 輕率冒失	惹人疼愛 好奇心旺盛 韌性堅強 有行動力
愛吵鬧	開朗、活潑、有朝氣
強勢 懦弱 性格激烈 嚴苛 嚴厲	凡事積極 覺得身邊人比自己還重要 感受性強、熱情 公私分明 為了達成目標會堅持到底
優柔寡斷	思慮縝密
愛命令人 沒有特色 愛出鋒頭	有領導特質 以和為貴 表現活躍

缺點	轉換辭彙
愛嘮叨 自傲 無趣 消極	韌性強 有主見 簡樸、內斂 珍惜身邊人
不擅長交際	擁有自己的天地
急性子 沒有責任感	反應快 天真、自由
旁若無人	有行動力

養成轉換正面辭彙的習慣，你的想法、你與對方的關係都會跟著改變。

怎樣聽出對方每句話背後的涵義？

「我想辭職。」

在同事對你這麼說之前，你已發現他似乎煩惱著與職場前輩關係不佳的問題。在這種情況下，你該如何回話？

「到底為什麼要辭職呢？」
「試著跟人事部門商量看看吧！」

這樣回答會讓對方覺得：「你不想談論這種事。」他原本心想：「我以為就算不告訴你原因，你也會懂我的心。」

「你是不是覺得與那位前輩相處很痛苦呢？」

- 聽出對方話中的真正涵義。
- 讓對方認為你懂他的想法。
- 告訴對方「我也想跟你討論這件事」，讓交談繼續。

每句話的背後都隱藏著某種感情或企圖。

當對方說「想辭職」，也許他有著人際關係方面的困擾，或是覺得與人溝通很麻煩。

當對方說「想辭職」，不妨試探一下，他可能是因為下列原因而想辭職。

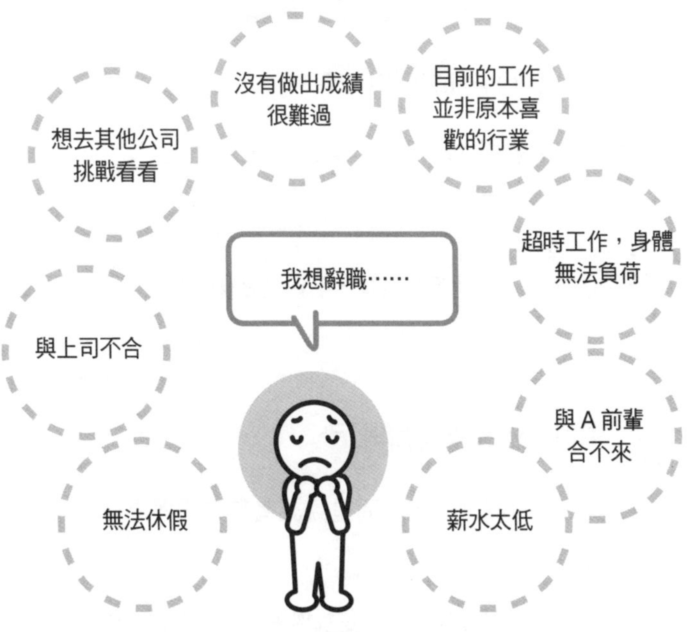
傾聽對方內心的聲音
沒有做出成績很難過
目前的工作並非原本喜歡的行業
想去其他公司挑戰看看
超時工作，身體無法負荷
我想辭職……
與上司不合
與 A 前輩合不來
無法休假
薪水太低

太過同理心，為何會令人覺得矯情？

傾聽高手會以同理心解讀對方的話語，並讓對方敞開心房（自我開示）。

同理心與自我開示要拿捏合宜，隨著兩者平衡程度的不同，你與對方的關係也會改變。

1 同理心＞自我開示

傾聽者有著強烈的同理心，但是對方不夠自我開示。

- 對方試探你。
- 對於對方不太想聊的話題，不宜過度有同理心。

2 同理心＜自我開示

傾聽者不太有同理心，反而是說話者較能敞開心房。

- 這時要適當轉換話題，或是找機會替對方的話作總結。

3 同理心＝自我開示

傾聽者的同理心與說話者的自我開示，程度相當。

- 傾聽者有同理心，說話者就能敞開心房侃侃而談。
- 彼此已經建立信賴關係的證據。

同理心與自我開示要取得平衡點

同理心＞自我開示

佐藤先生，你也參加單口相聲研究會啊？真是意外！你也喜歡單口相聲嗎？
你也在表演嗎？你喜歡哪位表演者？

啊，那是以前啦。

對方不想敞開心房，就不要一直逼問。

同理心＝自我開示

佐藤先生，我聽說你念書時參加過單口相聲研究會，現在還參加嗎？

你是說這件事啊！
那是學生時代的事，我現在已經沒有參與表演。不過，倒是時常去看相聲表演。

沉默尷尬怎麼辦？3 個方法使話題繼續

在交談時，會發生突然陷入沉默的情形。當進行心理諮商，也經常遇到這種情況。在此，介紹三個化解尷尬的方法。

陷入沉默時的 3 個傾聽方法

1 默默等待

- 當對方視線往下移，一直注視某處時，通常正陷於沉思。
- 這時不宜插話，保持沉默才是上策。

2　重複剛才的話題

是啊！
原來這樣！課長的話時常變來變去，在現場很辛苦吧！
對方

- 傾聽者重複對方的話，讓他可以整理自己的說話內容。
- 製造契機讓話題繼續。

3　讓對方說出他在意的事

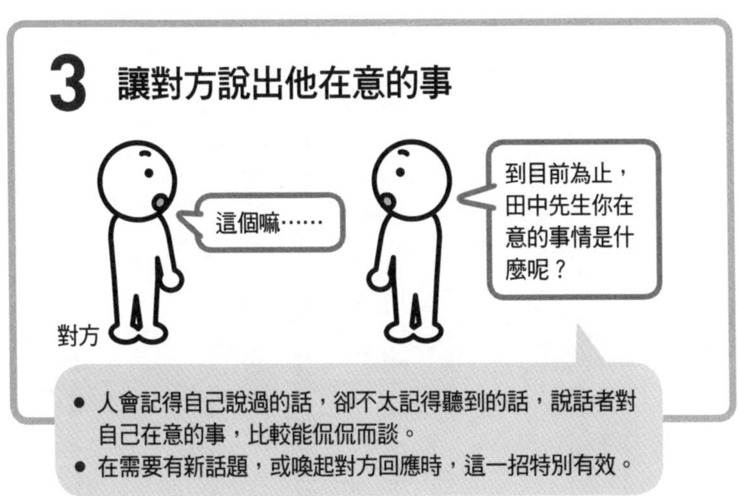

這個嘛……
到目前為止，田中先生你在意的事情是什麼呢？
對方

- 人會記得自己說過的話，卻不太記得聽到的話，說話者對自己在意的事，比較能侃侃而談。
- 在需要有新話題，或喚起對方回應時，這一招特別有效。

不需要害怕對方陷入沉默。切記上述三個因應方法，就可以讓話題繼續，並製造契機展開新話題。

專欄

20分鐘內會遺忘42%，要養成做記錄的習慣

「艾賓浩斯遺忘曲線」（The Ebbinghaus Forgetting Curve）這個實驗很有名，根據實驗結果得知，**人對於當下記住的內容，在二十分鐘內會遺忘四二%，兩天後會遺忘六六%，六天後會遺忘七五%。**

比方說，你接到上司指示而當下記住的內容，在二十分鐘後，會忘記將近一半。下達指示的上司也一樣，對自己剛才的指示內容，也忘記將近一半。你明白這個道理之後，就會知道記憶的可信度不高，所以請不要仰賴記憶，要確實記錄才對。

想當個一百分的傾聽者，就一定要養成記錄的習慣。

相較於「應該是這樣沒錯」的模糊說法，讓對方看到記錄，證實「確實無誤」，更具有說服力。

阿德勒說：「絕不能侵犯對方的權利。如果尊重對方的權利，交由對方決定，就能信賴自己、信賴他人。」

第四章

阿德勒教你，讓反對者軟化的 14 個方法

在指導部屬、管理員工、進行交涉、心理諮商時，若能以高標準要求自己傾聽對方說話，會讓對方覺得你就是「我要找的人」，並產生信任感。本章介紹的傾聽方法，能讓你深受對方信賴。

否定對方會打擊士氣，不如欣賞對方優點來鼓勵

● 否定的評價會打擊對方的勇氣

你是否有過以下的經驗？

☑ 過去的失敗總是被別人當成笑柄。
☑ 私人的交談內容被公開。
☑ 對於你日後想挑戰的事，大家早已斷言「應該辦不到」。

當你受到以上對待時，等於在磨損你的勇氣，讓你很不舒服。你覺得不只自己的行為被否定，連人格也遭到否定。雖然你知道這樣的感受不佳，但或許也曾對別人做過相同的事。

十個人當中，有九個人在衡量別人的缺點與優點時，會認為缺點比優點多。因為我們從小就習慣先看別人的缺點。

父母和學校老師對我們實施指責缺點的教育，總是說「你這點不行」、「你又做那種事，這樣很差勁」，於是我們長大成人之後，與人交往時只會關注對方的缺點。

阿德勒心理學主張要以鼓勵取代指責，要懂得賦予別人勇氣。如果我們徹底奉行鼓勵主義，就能得到三項副產物。

1 **與對方的關係變好。**
2 **賦予對方克服困難的活力。**
3 **賦予別人勇氣的自己，也會變得充滿活力。**

深受信賴的傾聽高手會自然地鼓勵別人。在傾聽時的態度、話語、交談方式等各方面，這些鼓勵方法都可以派上用場。接下來將舉出各種例子，詳細解說。

方法 1 你清楚反對者關心什麼嗎？

你的朋友A小姐和B小姐在言語上發生爭執。你分別傾聽兩人的理由，A和B都認為「自己是對的，對方錯了」，彼此見解不同。**人就是這樣，總是以自己的主觀判斷對錯。**

譬如，請一對夫妻聊聊蜜月旅行時的回憶，丈夫關心的事物可能是食物或交通工具，妻子則是對景色或建築物印象深刻。人總是會觀察自己想看的東西，記住自己想記的事物。

在傾聽時，務必先弄清楚對方關心的事物是什麼，才知道要編織哪一種題材故事。

如此一來，你就能了解，並配合對方，以寬容的心來對待。

尤其在與對方出現歧見或快要爭吵時，更要提醒自己，將焦點鎖定在對方關心的事物、關於對方的事。

觀察對方關心的事物為何

重視規則的人

重視成果，希望可以有更多通融的人

如果沒有在兩個月前提出申請，就是不行。你們這些業務人員總是這樣無視規則，讓工作變得更繁雜。

我的客戶都是貴賓。要求準備最前排的座位，你卻安排二樓的座位，實在不敢相信你的工作能力。

問題不在於哪一方對、哪一方錯。

以第三者立場觀察，就會清楚來龍去脈。

方法2 你知道「恩威並施」不得人心嗎？

管理部屬或團隊，如果採取恩威並施的模式，恐怕永遠無法贏得人心。

因為我們從小在家庭或學校，就是接受恩威並施的教育，所以很自然地對身邊的人也採取相同的對待方式。結果，被這樣對待的人會變成處處看別人臉色、討別人歡心的人。

以這樣的模式相處，雙方永遠無法建立有信賴感的人際關係。在傾聽時，一定要留意自己是否擺出恩威並施的態度來回應對方。

施以恩惠

- 只有在對方做出成績時，才給予讚美。
- 不斷說「好厲害」、「了不起」、「不愧是……」
- 吹捧戴高帽子。
- 請對方吃飯，給予獎勵。

下馬威

- 沒有做出成績，態度馬上一百八十度大轉變。
- 嚴厲斥責。
- 予以懲罰。

剛開始先給甜頭，取悅對方，讓對方產生「下一次也要好好努力」的想法。可是，一旦露出威嚇態度，問題就會不斷湧現。

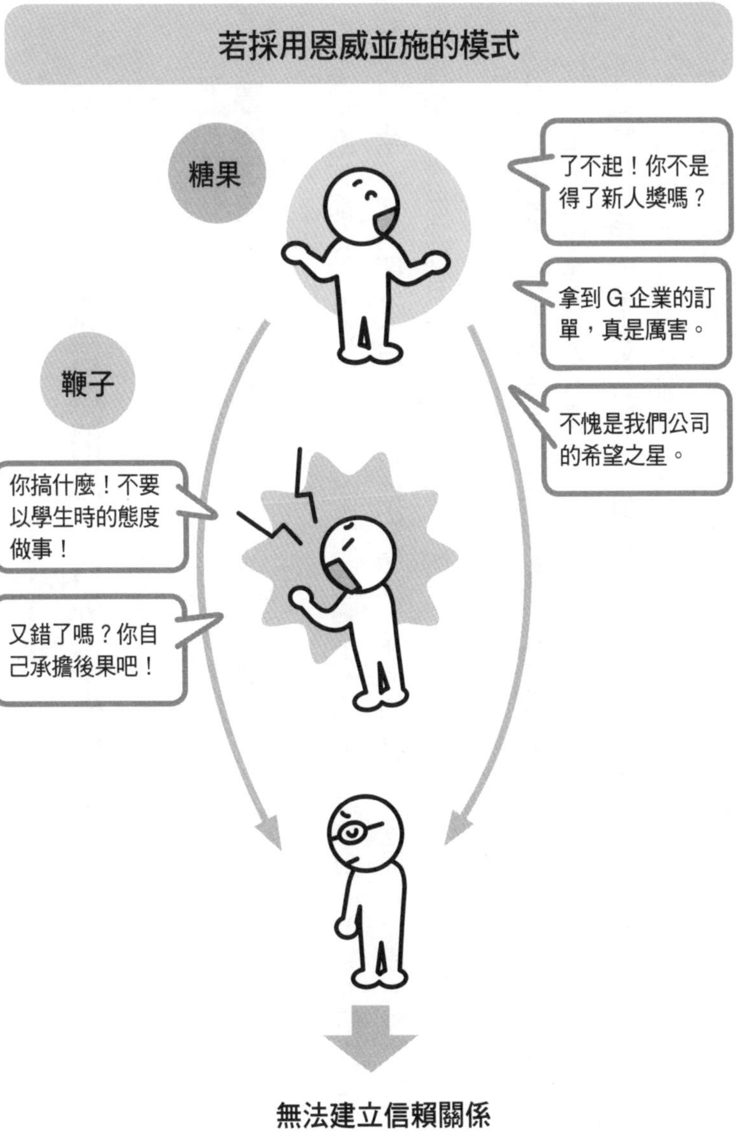

若採用恩威並施的模式

糖果

了不起！你不是得了新人獎嗎？

拿到 G 企業的訂單，真是厲害。

不愧是我們公司的希望之星。

鞭子

你搞什麼！不要以學生時的態度做事！

又錯了嗎？你自己承擔後果吧！

無法建立信賴關係

部屬報告壞消息，首先肯定他如實報告

● 不隱瞞壞消息直接說出，就是有勇氣的表現

大家應該都有過這樣的經驗，本來想隱瞞不好的事，沒想到卻讓事態變得更糟糕。日本第一任內閣安全保障室長佐佐淳行，在他的著作《危機管理最前線》中主張，壞消息應該快速且正確呈報。在此介紹三句名言：

1「**獎賞報告壞消息的部屬，懲罰不報告壞消息的部屬。**」（出自《阿提拉大帝所傳授最完美的領導特質》，威斯．羅伯茲著）

2「**好消息明天早上再告訴我，但若是壞消息，一定要馬上叫醒我。**」（拿破崙名言，出自《聖赫倫那覺書》，拉斯加斯伯爵著）

3「**我覺得不想聽，或是讓人討厭的真心話，一定要讓我知道。**」（後藤田正晴

的名言，出自《我的上司後藤田正晴》，佐佐淳行著）

想隱瞞壞消息最主要的原因，在於想守護自己（明哲保身）的心理作用。「會不會被上司斥責？」「會不會演變成要被處分？」「對方最後會不會討厭我？」因為有著這些想法，所以不想告知，或者就算告知，也想隱瞞重要的部分。

不過，正因為是壞消息，更不能找任何藉口，一定要據實以告。這是能不能建立長期信任關係的關鍵。

當你從對方口中聽到壞消息時，請不要怪罪或斥責對方，而是要肯定他如實告知，並冷靜理性地回應對方。

方法 3 給予他人勇氣，要具體認同當事者行為

本書序章提到，阿德勒心理學認為賦予勇氣比讚美更重要。

上述的主張，也適用於傾聽者與對方處於對峙關係的情況。如果你的工作需要聽人說話，或是你心中有重要的人，請務必抱持這樣的態度。

讚美與賦予勇氣的差異，如同下方所示。

一般來說，讚美時，彼此是上對下的直向關係，而賦予勇氣時，彼此則是對等的橫向關係。

被賦予勇氣	被讚美
1 能夠自己賦予自己勇氣。	1 總是期待別人的讚美而行動。
2 不管有沒有獎賞，都會自動自發地把事做好。	2 沒有被讚美，就不會有所行動。
3 接受別人賦予勇氣而成長的人，會將自我貢獻作為原動力。	3 習慣被讚美的人，獲得他人的讚賞或關注後，才會有幹勁。

讚美的說法、賦予勇氣的說法

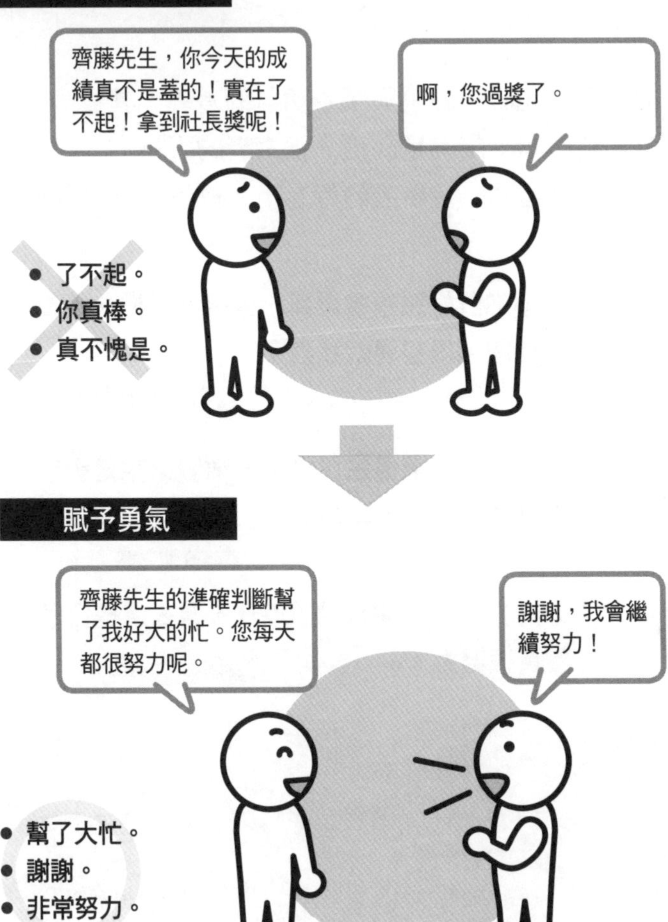

讚美
齊藤先生，你今天的成績真不是蓋的！實在了不起！拿到社長獎呢！
啊，您過獎了。
● 了不起。
● 你真棒。
● 真不愧是。
賦予勇氣
齊藤先生的準確判斷幫了我好大的忙。您每天都很努力呢。
謝謝，我會繼續努力！
● 幫了大忙。
● 謝謝。
● 非常努力。

賦予勇氣時要抱持同理心，還得關注2個重點

前一個單元說明讚美與賦予勇氣的差異，其實兩者之間還有一處不同：讚美是評價「當事者的人格」，而賦予勇氣則是具體認同「當事者的行為」。以下舉出實際例子來說明。

「謝謝你訂好懇親會場所，還帶我參觀。因為附有地圖，很容易就找到了。」

認同對方的貢獻。

「您特地為我準備生日禮物。對我來說是有生以來最棒的生日，謝謝您。」

表明感謝之意。

「你的TOEIC分數超過700分。過去這些日子你確實很努力。」

認同對方的努力。

POINT

- 如果你說「了不起」、「你真棒」、「真不愧是」，聽在對方耳裡可能會有被嘲諷的感覺。
- 如果想賦予勇氣，要具體說出對方好的一面，他就能坦然接受。

賦予勇氣時的三個注意重點

賦予勇氣	讚美
1 認同對方的行為	1 評價對方這個人
2 抱持同理心	2 抱持評價的心態
3 關注結果＋過程	3 只關心結果

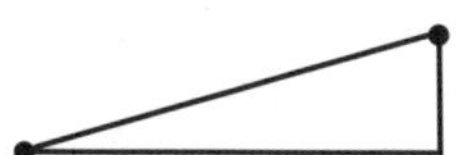

給人勇氣前，先讓自己充滿正能量

●賦予自己勇氣的三個重點

勇氣是克服困難的動力。有時候你會給予別人克服困難的動力，但在送出之前，請先對自己注入勇氣，因為缺乏動力的人無法給身邊人任何動力。

因此，想賦予自己勇氣，可以參考以下三個方法。

1 **每一天都積極樂觀。**

2 **多與能賦予別人勇氣的人交往。**

3 **說的話、想的事、所作所為都要充滿正能量。**

想讓每一天都成為積極樂觀的一天，方法是在一日之始與一日之末，讓心裡充滿正能量。

多與能賦予別人勇氣的人交往，是指要與能讓你湧現動力的人共事。對於勇氣不足的人，最好保持適當的心靈距離，不宜往來過度親密，避免受其影響。

說的話、想的事、所作所為都要充滿正能量，指的是不要被負能量影響，要多說好話，多想好事，行動要積極。

請務必提醒自己要確實做到，然後你的每一天就會有所改變。

方法4 不採取 Yes-But 模式，而用「三明治模式」評論

假設部屬或後輩拿著要交給上司的企劃書來找你，想徵詢你的意見，這時候你當然會覺得榮幸，也會覺得自己了不起。但在這種情況下，該如何回應才好？以下將介紹能贏得歡心的例子，以及讓人感到厭惡的例子。

「都有講到重點，做得很棒。不過，似乎不太具有說服力。」

POINT

- 「都有講到重點，做得很棒」這樣的讚美，因為後面的那句「好像不太具有說服力」，而整個翻盤。

「都有講到重點，著眼點很好。可是，三個根據中，第二個根據讓人覺得說服力不夠。如果能補強這一點，就是一份極具說服力的企劃案。過去這三個月，我看你成長不少，很期待你下一次的表現。」

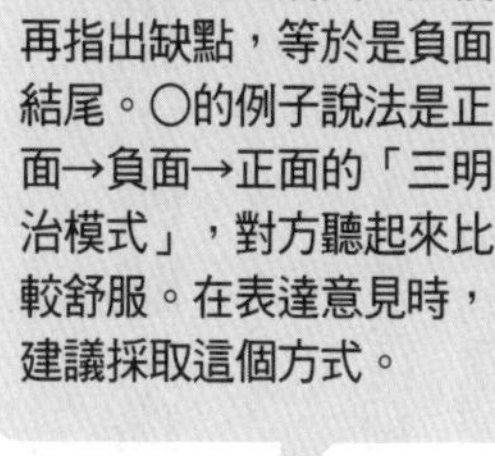

×的例子是先讚美，然後再指出缺點，等於是負面結尾。○的例子說法是正面→負面→正面的「三明治模式」，對方聽起來比較舒服。在表達意見時，建議採取這個方式。

POINT

- 「第二個根據讓人覺得說服力不夠」這樣的說法，具體指出需要改進的部分，並認同企劃案的著眼點與當事人的成長，讓人更加鬥志激昂。

方法5
避免指示曖昧不清，用3項原則確認有無遺漏

「上司給的作業指示原本就是模糊不清。」這是有能力的商務人士，必須避免的重要問題。

如果上司的指示曖昧不清，你又加入自己的成見，最後的結果一定會跟上司所要的相距甚遠。

你收到上司的指示後，要進行確認時，或者你是上司，要向部屬確認時，請切記左頁的三項原則。

何謂5W1H

What	是什麼（內容）
When	何時、何時截止（時間、交貨日期）
Where	在哪裡、在何處（地點）
Who	是誰、對誰（關係人）
Why	為什麼（目的、理由）
How	如何、多少（方法、數量）

傾聽指示時的三項原則

1 手寫記錄

下個月開始，你負責新客戶B公司。

2 以5W1H確實提問

What
When
Where
Who
Why
How

本週內，會由後藤接手後續作業，你調整一下自己的行程，下個月初要出差。

3 確認指示有無遺漏、有無不清楚之處、目的為何？

您的指示就是這些嗎？
是的，沒錯。一切拜託你了。

方法6 用「意見模式」做評論，觀點容易被接受

在聽完對方的話之後，你回話時的說話方式，會左右對方對你的評價，以及接受程度。把非事實的事說得像真的一樣，稱為「事實模式」，而表達意見（推測）時的說話方式，則稱為「意見模式」。**想與對方建立信賴關係，請使用意見模式。**如此一來，彼此比較能接受對方的見解和觀點。

● **事實模式**

1 斬釘截鐵的事實模式

✕ **「就是○○。」「決定就是○○。」「一定是○○沒錯。」**

讓人感覺已成事實，無法改變。

2 語氣緩和的事實模式

「應該是○○吧？」「就是○○了。」「我想就是○○了。」

上對下語氣。

3 帶嘲諷感的真實模式

「你不知道就是○○嗎？」「為什麼不做○○？」

逼問、否定的語氣。

●意見模式

1 前置型意見模式

「這只是我個人的意見。」「我是這麼想的。」

以「我」為主詞，不會讓人有被強迫的感覺。

2 後置型意見模式

「我認為是○○。」「我覺得○○。」「我希望你做○○。」「如果你做了○○，我會很開心。」

以委婉語氣將想法傳達給對方。

方法7 總結談話時，以推測或疑問的語氣做確認

若你總是用「重點就是○○」、「你是不是想說○○」作為總結，個性脆弱的人聽了，只會回答「是的」，而擅長表達的人就會說：「不對，請你不要那樣亂下結論。」

若想確實了解對方話中的涵意，最好不要妄下結論。

萬一遇到需要總結對方話語的時候，請牢記左頁三項重點。尤其是在第三點的情況，請不要成為最後總結的一方，保留談話的空間，才能讓交談順利進行。

要聽出對方話中涵義（請參考104頁），再下結論，對方會覺得「事實上，這就是我想說的」，而感激你幫他說出來。

總結時的三個重點

1 不要對方每說一件事，你就作總結，請等到對方說出重要內容後，再作總結。

2 提出總結前，先說「因為搞錯就不好了，所以先確認……。」這句話。

3 以推測或疑問（封閉型問題）的語氣，確認「難道是○○？」「你剛剛說的，我可以解釋為○○嗎？」

將談話內容整理成3個要點，最容易記憶

●整理成三個要點，有利於記憶

溝通高手擅長將談話內容整理成三個要點。當你傾聽別人說話，或自己上台簡報時，如果能養成事前將內容整理好的習慣，保證能讓大家對你留下好印象。養成「整理成三個要點再發言」的習慣，具有以下三個優點。

1 更容易掌握重點。
2 有規則的發言可以產生能量。
3 讓對方難以忘懷，永遠牢記。

舉出一個實際例子，二〇〇一年五月二十七日，當時的日本首相小泉純一郎，出

席兩國競技館的大相撲夏季頒獎儀式，小泉首相將內閣總理大臣獎，頒給當時獲得優勝、但受重傷而無法行走的貴乃花選手。

小泉首相唸完表揚狀後，對貴乃花說：「你忍住疼痛獲勝，真是辛苦你了。我很感動，恭喜你。」對貴乃花大加讚賞一番。

請你試著用心且大聲地複述一遍，應該能體會先前所說的三個優點當中，第一個優點和第三個優點的涵義。

請放下書，試著實踐看看。若是兩個，會覺得好像缺少什麼；若是四個，會覺得太多而記不住。

在總結談話時，請牢記「三」的原則，自然能養成習慣，輕鬆總結出三個要點。

方法8 不用「委託、命令、檢視」的語言，而應……

在評論時，遣詞用字大致可分為兩種形式：「委託、命令、檢視」，以及「非委託、非命令、非檢視」。

如果是情人、夫妻，或朋友關係，常使用「委託、命令、檢視的語言」，會讓對方有「上對下」的感覺。相對地，**如果常用「非委託、非命令、非檢視的語言」，就能彼此心意相通，容易建立平等的友好關係。**

如果少用「委託、命令、檢視的語言」，在遇到突發狀況需要對方幫忙時，會比較好開口要求對方協助。

非委託、非命令、非檢視的語言，是讓人際關係更圓融的潤滑劑。

不要以上對下的語氣說話

委託、命令、檢視的語言

你就不能等到我把這件工作完成嗎？

這條領帶很特別。

我很在意你老愛抖腳的壞習慣！

不是輪到你倒垃圾嗎？

我很急，先幫我影印這份資料！

這種訂單是誰接的？

非委託、非命令、非檢視的語言

我可能還需要點時間，才能把這件事處理好……

那條領帶應該很適合你這樣的人！

人家說一緊張就會抖腳，你現在很緊張嗎？

你今天負責倒垃圾 OK 嗎？

你先幫我影印這份資料，謝謝！

接到訂單了，辛苦了！

方法 9 如何確保傳達不出錯？活用3個重點

如果因交談而造成誤解，儘管你已「傳達過」或「確認過」，還是無法得到對方的諒解。

當這種情況發生在上司或職場前輩身上，雖然你認為對方會了解，但其實對方一點也不了解。

試著實踐左頁三件事，就能避免誤解發生。不需要每件事都做到，任選一件就能發揮效用。

先參考左頁「讓對方重複說一次交談內容」的例子。

你說：「你剛才談話中關於服務品質的部份，讓我獲益良多。請問您如何定義服務品質呢？」

對方說：「一般人對於服務品質，只考慮到價格或條件，但我認為滿足顧客的需求才是最重要的。」

POINT

- 讓對方清楚記得自己說過的話。
- 讓對方負起責任，處理日後的問題。

正確傳達有三個重點

1 讓對方重複說一次交談內容

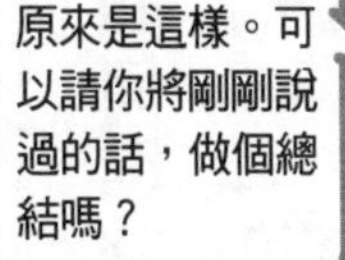

原來是這樣。可以請你將剛剛說過的話，做個總結嗎？

好的，第一點是……，第二點是……

2 你主動確認彼此同意的事

我想跟您確認一次，往後的行程是三月下旬……

嗯，是的。

3 面談後寄出確認的電子郵件

謝謝您在百忙之中，跟我說那麼多。
我將今天討論的事項，做出總整理，請您過目。

方法10 如何準確解讀對方提問的真正意圖？

在簡報或洽商時，別只顧著你自己發言，有時要讓對方提問，交談才能繼續。很會做簡報的人，一定也是傾聽達人。首要重點是要聽懂對方問題的意圖。

對方提問的目的，主要分為以下三種。

1 蒐集與確認情報。
2 找機會表明意見。
3 挑釁。

要記住一個重點：以上三個目的是循序漸進，所以在提問前，對方心中早有答案了。

1的「蒐集與確認情報」，是指對方對於你的說明，基於「想知道更多、想確認某部分」的單純動機，而提出問題。

到了**2的階段，對方嘴裡說有問題想問，但其實是想表達自己的意見。**像這種情況，你可以不回答問題，只要說「謝謝您的意見」即可。

3的「挑釁」，對方的目的是想表達反對意見。不要被對方牽著鼻子走，要冷靜因應。

因為提問主要是基於這三個目的，所以誠實回答每個問題，不見得是最好的作法。

沒有先弄清楚目的就回答，有可能變成答非所問，一定要提高警覺。

面對 3 種意圖衍生的問題，怎樣傾聽與回答？

當你遇到前述的三種目的提問時，應該如何回應呢？以下舉出具體的案例來說明。

1 確認情報

對方說：「關於您剛剛提到的○○，請再詳細說明一下。」

○ **「謝謝您的提問。您提到的○○，是現在報章雜誌熱列討論的話題。我手邊剛好有相關報導，現在拿給您看。」**

讓對方眼見為憑，拿出可供對方仔細研究的資料。

2 表明意見

對方說：「您認為〇〇就是△△，我贊同您的觀點。其實，我也在研究〇〇……」

「非常感謝您認同我的觀點，您寶貴的意見讓我更有勇氣。」

- 對方想要的，其實是表達自己的意見。
- 像這種假借提問，實際上有其他目的的情形，回應一句「謝謝您的意見」即可。

3 挑釁

對方說：「謝謝您的簡報。關於這個企劃案，我覺得您的提案缺乏即效性，您對此有何看法？」

「謝謝您坦白告訴我，您認為缺乏即效性。不過，若是您會如何處理呢？」

- 謝謝對方的意見。
- 再反問對方。

方法 11 遭到挑釁時，先聽完觀點再冷靜陳述意見

在介紹自己或自家商品的簡報現場，有時會因為意見不同者的發言，而讓你的努力白費。遇到這種情況，該如何處理？

在做簡報或提案時，遇到有人挑釁，或許正是你發揮傾聽實力的最佳時機。以下是回應挑釁的三個有效方法。

1 複述對方的話，讓對方冷靜。
2 反問對方，請對方講述他的觀點。
3 針對對方的觀點，加上自己的意見。

有人提出反對意見時，如果你馬上強調自己的意見，等於是火上加油，**針對反論提出反論，只會讓局面變得不可收拾。**

這時你要保持冷靜，重複對方的話：「〇〇先生的發言重點是△△吧？」然後反問對方：「如果是您，對於這件事有何看法？」對方說出意見後，你要表達感謝：「您的話非常值得參考，謝謝。」然後凝望其他人，講述自己的見解，最後看著那個人：「〇〇先生，您覺得如何？」確認他的想法。這個方法是化敵為友的高招。

下一節開始，將會介紹實際對話的案例。

實際案例：讓唱反調的人變成戰友

有人與你唱反調時，你一定大感驚訝吧？本單元將介紹回話方法，讓你不會慌張，能冷靜因應。

對方說：「即使你說這是理想的狀況，我也無法認同。」

「你是說我這次的提案偏離事實。那您想到什麼樣的因應策略呢？」

- 複述意見不同者的話，讓他冷靜。
- 反問對方，請他講述自己的觀點。

對方說：「我認為我們應該更努力聽取顧客的心聲，盡量配合他們……。」

「謝謝您補充我提案中不足的部分，確實我需要更努力聽取顧客的心聲，這是非常正確的策略。」

- 針對對方的觀點，加入自己的見解。
- 讓對方與你產生共鳴。

「〇〇先生覺得如何呢？」

- 先與不同的人談論這個話題，再回覆對你提出異論的人。
- 對方會覺得自己被尊重。

方法12 用三明治模式下結論，使意見客觀有論點

在商場上，先說結論比「起承轉合」的說法更受歡迎。先說結論的發言程序是①結論、②詳情（根據、資料）、③再次結論。

請參見左頁下方的案例。一開始先說結論：「我們應該檢討一下〇〇店停止營業的事」，再提出詳細內容：「這三個月的營業額與去年同期相比，下滑了近三成，而且連三個月虧損。顧客都跑向車站的另一邊，在晚上六至九點的三個小時內，經過店舖前的人數比半年前少了四二％。」（根據、資料），最後再說結論：「市場變成這樣，即使努力構想行銷策略，也無法挽救業績。」

我將以上的模式稱為「結論三明治模式」。將根據或資料夾在兩個結論之間，更能讓對方明白你的重點。

管理者在傾聽意見，或是向周遭提出意見時，可以使用這個結論三明治模式，讓大家對你留下好印象。

起　討論關於〇〇店業績低迷的事。

承　三個月的營業額對照去年同期下滑三成，而且是連續虧損。

轉　分析原因時，發現是人潮都跑去車站的另一頭，才造成這麼大的影響。

合　即使努力構想行銷策略，也無法拯救業績，所以建議關店。

結論三明治模式

結論　討論關於〇〇歇業的事。

根據　因為這三個月的營業額對照去年同期下滑三成，而且是連續虧損。

資料　人潮往車站另一個方向移動，晚上六點至九點的三個小時內，經過店舖前的人數比半年前減少42%。

結論　情況至此，即使努力構想行銷策略，也無法拯救業績，所以建議關店。

表達謝意，說「謝謝」最直接有效

●「不好意思」是致歉辭彙

英語的「Excuse me」、「I'm sorry」為致歉辭彙。

住在英語系國家的人拿咖啡給你時，如果你說：「I'm sorry」，對方會覺得奇怪：「這個人怎麼不是說謝謝，而是向我致歉？」

可是在日本，遇到這種情況，多數人都會說「不好意思」。「不好意思」是致歉辭彙，等於把自己的地位變得比對方低一階。有「I'm not OK」的意思，並沒有「You are OK」的涵義。

如果致歉辭彙是「I'm not OK」，感謝辭彙就是「You are OK」。這不僅是尊敬對方，就連致謝的自己也會覺得開心。

表達謝意時，不要說不好意思，請直接說謝謝。謝謝是「I'm OK, you are OK」

的意思。

對方聽到你說謝謝，也會回你一句謝謝。謝謝會產生宛若迴力鏢的作用，你先付出，然後得到相同的回報。

經常把謝謝這句話掛
嘴邊，周遭的人會成
為你的貴人，大家也
會更喜歡你。

方法13 對方生氣怎麼辦？別壓抑對方怒氣，而應……

日常生活中，有時你可能會感到憤怒。憤怒是人際關係中最強烈的情緒，其實**在憤怒的背後，還隱藏著其他的情緒。**

心理學認為，隱藏在憤怒背後的孤寂、擔心、氣餒等情緒是「初始情緒」，憤怒則是「次級情緒」。

比如說，丈夫拋下為孕吐所苦的妻子，跟朋友去玩樂，因此把妻子惹火了。妻子確實對丈夫的行為感到憤怒，但憤怒的背後隱藏的可能是寂寞的心。

憤怒是次級情緒

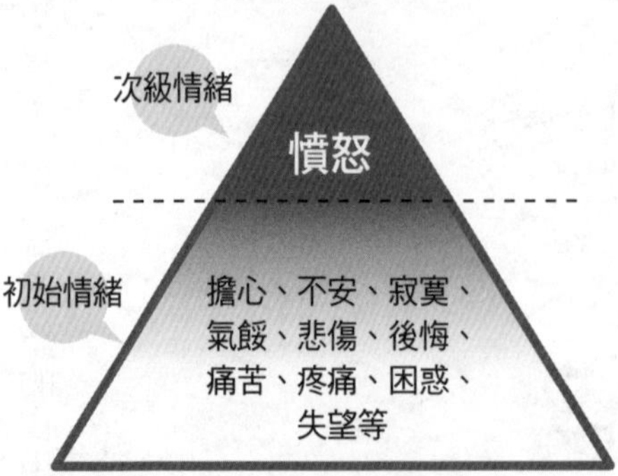

- 「憤怒」的背後隱藏初始情緒。
- 初始情緒無法被滿足，就會用「憤怒」這個次級情緒去回應。

找出對方怒氣背後的真正情緒

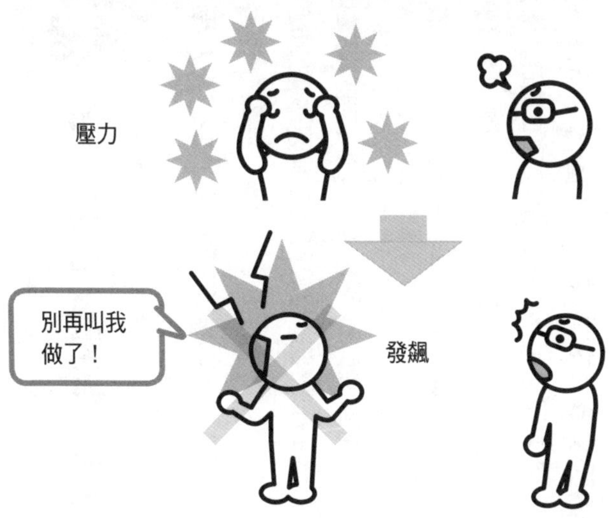

解讀對方內心真正的情緒
對我有
期待。
不要給我錯誤
百出的資料。
如果是你，應
該辦得到。
內心真正的情緒

- 當對方對你生氣時，如果能解讀他內心真正的情緒，就不會以憤怒回應對方的怒氣。

方法14

對方找碴怎麼辦？適當表達自己的怒意

當朋友找你碴，你感到生氣時，請試著找出自己的初始情緒。

你會發現是因為自己的見解與對方不同，感到期待落空而生氣，或是因為感覺孤單而生氣。

以自己的初始情緒為出發點，直接告訴對方自己真正的感受：「你這麼說，讓我很失望，突然覺得自己好孤單」、「你的片面之詞，讓我覺得好難過」。這比直接以憤怒回應好，不會傷害到對方。

當你感到憤怒時，趕快找出隱藏在憤怒背後的其他情緒，並直接表達出來。如此一來，就不會破壞彼此的關係，這才是冷靜的處理方法。

找出初始情緒，並適當傳達

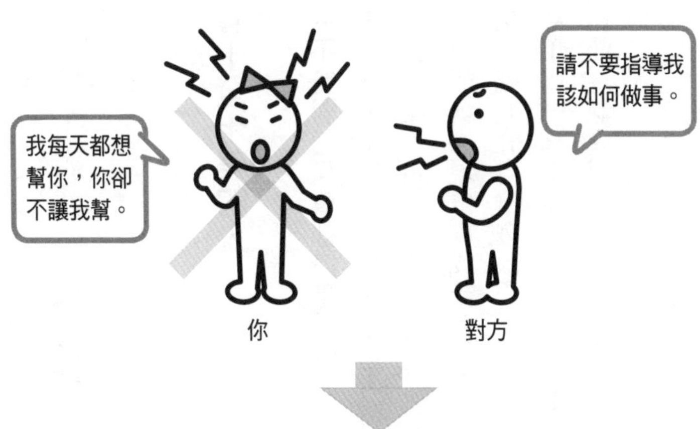

找出真正的情緒

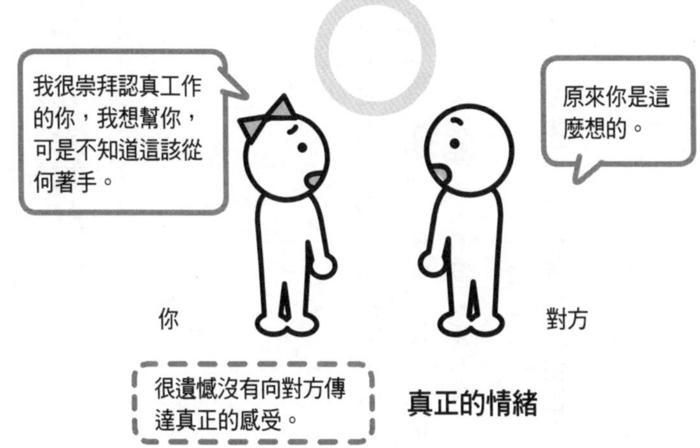

你不需要一直當好人，做回不完美的自己吧！

●世上沒有十全十美的人

傾聽高手不會對任何事都逆來順受。

我們與人交談或交往時，都會產生所謂的情緒。比方說，在傾聽的過程中，出現「我絕對不允許這樣」的想法時，或是別人對你態度極度惡劣時，會湧現憤怒的情緒。這時，你可能會出現自責或後悔的念頭，認為剛剛不該發脾氣，不過只要不會造成不好的結果，就允許自己發洩一下吧。

每個人都不用一直當好人，因為世上本來就沒有十全十美的人。偶爾情緒化也不錯，只要事後能冷靜處理就好。

有時候別再當「好人」
第一天
好啊，我很樂意。
可以請你幫我處理這個嗎？
第二天
是，好的。
拜託你了。
第三天
請你偶爾也想想我的情況！
我今天沒辦法幫你！
可以幫我嗎？
我剛剛實在太忙了，才會說出那麼情緒化的話。
剛剛那個工作可不可以請〇〇先生幫你呢？

專欄

部屬想跳槽找你商量時，藉由分享經驗來應對

一名入行兩年的員工找課長商量離職，這位員工一直想去以前求職失敗的顧問管理公司工作，剛好有個機會，他想挑戰看看。

這位課長沒有強力慰留他，而是說出自己的故事。他告訴這名員工，他在學生時代就立志要成為律師，可是考了好多次司法考試都沒有合格，畢業後過了三年才進入現在的公司，一直工作到現在。

這位課長送給這名員工一句話：「商務人士要工作滿五年，才能成為一流。」如果想成為一流顧問，在同一家公司工作滿五年，也算是自我訓練的好方法。還有，想換行的人不要貿然跳到另一種行業，務必要像三級跳遠一樣，做好「Hop–Step–Jump」（躍跳–跨跳–騰跳）三階段的準備。

經過這番談話，這名員工比以前更信任這位課長了。

當別人找你商量事情，**由你扮演傾聽者時，不要否定對方的話，**

也不要一味顧著說教，而是要與對方分享你的經驗，才能打動對方的心。

阿德勒說：「與你意見相左的人，不是想要批判你。產生不同聲音是理所當然的事，也是意義所在。」

第五章

阿德勒教你，激勵團隊及驅使他人行動的高招

你是否曾有這樣的困擾：「這時候該如何回話？」本章將介紹在職場上會遇到的各種情境，以及適當的回話技巧。

怎樣與第一次見面的人打招呼？

「我不曉得該如何跟第一次見面的人交談……。」

一開口就是理由、藉口。

「我覺得有點緊張。」

「在尊敬的人面前，我就會手足無措。」

雖然緊張還是打招呼。

POINT

- 手足無措也OK。
- 交談本來就會有覺得尷尬的時候。
- 不要否定慌張的自己，只要開了口，就能順利打招呼。

依Hop-Step-Jump 3個階段，切入主題不唐突

1 主動開口自我介紹

「很高興認識你。」

2 提到對方的名字

「你的名字很罕見，是很棒的名字。」

3 聊工作方面的話題

「你從事哪方面的工作？」

「名片上記載的內容是……。」

POINT

- 溝通要依照Hop-Step-Jump三階段進行，才能讓交談順利。
- 突然就聊工作方面的事，會讓對方覺得你很唐突。

部屬說話沒重點，你該如何引導？

×

「我抓不到你話中的重點，很傷腦筋。」

沒有告訴對方你的需求。

「結論是什麼呢？」

「你的根據是什麼？」

「這就是你的結論嗎？」

POINT

- 首先確認結論。
- 抓不到對方談話的重點時，傾聽者可以依循「結論→詳情→結論」的流程，向對方提問。
- 一開始就不要對部屬有期待，要做好指導的心理準備。

重點建議

活用圖表，使談話的內容有根據

在交談時，尤其在商務工作上，使用圖表溝通比只用言語溝通，更能避免錯誤發生。使用圖表具有以下三種效果。

1 可以在二至三秒內，就讓對方牢記。
2 比起文字或數字，圖表更容易讓人掌握整體狀況。
3 右腦＋左腦併用，讓記憶成為長期記憶。

圖表分成許多種類，要視你想表達的內容，選用合適的圖表。

圓餅圖：表示構造比、佔有率。
直線圖：表示比較結果、排名。
曲線圖：表示時序變化。

當你在會議、商談、簡報、傾聽時，請多使用圖表來表達。

如何口頭確認工作項目有無遺漏？

「嗯，關於這個是這樣……那麼，關於那個……。」

說話沒有重點。

1「關於〇〇，可以請您確認嗎？」

2「關於公司內部有一個重點，公司外部有兩個重點。」

POINT

- 必須一開始就說清楚，要報告、連繫、商量哪個部分。
- 將問題、事項細分化。
- 確認工作內容時，要先確認「自己能提供什麼協助」。

3

「關於公司內部的人事，這樣可以嗎？第一點，關於公司外部的企劃團隊成員，我會在本週確認完畢。第二點，關於S公司的企劃委託案……我拜託您的部分沒有問題吧？」

以組織內部和外部來分類，以公司內部其他部門和自己所屬的部門來分類，以自己的工作和其他人的工作來分類，像這樣養成「先將問題、事項細分化，再進行確認」的習慣，不論是自己或對方，都不容易搞混。

跑業務時，要問出對方的真正需求

客戶：「我想引進新電腦。」

「那麼，你需要幾台電腦呢？」
「你想要哪種款式的電腦？」

只是順著對方的話回應。

「那麼，你想引進新電腦的目的是什麼？」
「貴公司的最終目的是什麼，你可以告訴我嗎？」

POINT

- 要問出「為了什麼」。
- 提出問題，確認對方的目標、目的。
- 重點在於對方的真正需求為何？

重點建議

學傾聽高手勾勒出 95% 的潛在需求

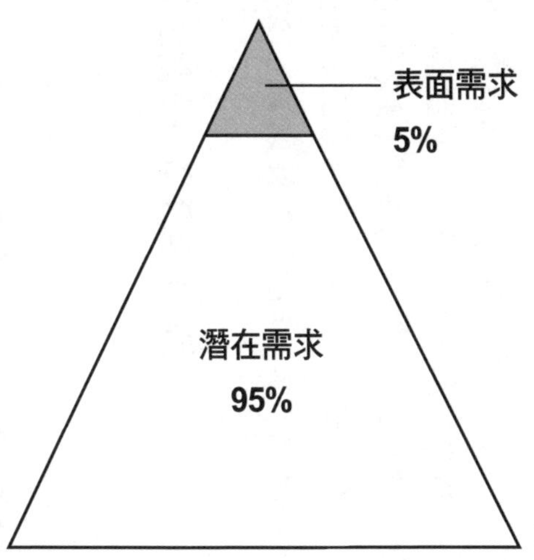

想問出對方的真正希望（需求）時，若直接順著對方的話回應，將無法問出真正的目的。傾聽高手懂得如何問出95%的潛在需求，為了問出潛在需求，得知對方的真正希望，一定要詢問目的或目標。

優秀商務人士都會這麼做，請你要牢記，並確實做到。

簡報有3個重點：假設對象、提問、說故事

●像是一對一對話，說明要具體

你是否曾在公司會議或做簡報時，必須面對許多人發言呢？這時，要如何吸引聽眾的興趣呢？請牢記以下三個重點。

吸引聽眾注意的第一個重點，是不要對著現場所有人說話。要三不五時將目光鎖定在某個人身上，例如：A先生、B小姐、C先生，對著他說話。在得到對方點頭認同前的二至三秒，你都要一直注視著他。

第二個重點，是不要一直發言，有時可透過提問「在場有沒有人曾有過○○經驗呢？」來提高聽眾的注意力。

第三個重點，是要加入故事或實例。沒有人聽得懂抽象的言語，但只要使用「某某地方的某人曾在什麼情境下，經歷過什麼」的實例，就能讓你的發言更具說服力。

比方說，「買了〇〇〇港區的顧客，每個月省下三個五百日圓銅板（這時可使用Power Point作輔助說明），也就是每個月省下一千五百日圓。」，遠比「使用〇〇〇讓你每個月省下許多錢」的說法更具說服力。

想吸引聽眾的注意力，一定要熟記以上三個重點。

當部屬陷入沉默，建議大家一起思考

「為什麼說到這裡，就不吭聲呢？」

逼問。

「難道你認為我在責備你嗎？」

直接把對方的想法說出來。

「你是不是有什麼顧慮呢？」

讓對方可以輕鬆說出內心的疑惑。

「那麼，關於這件事，我們一起來想想該怎麼辦吧？」

提議一起想出解決方法。

POINT

- 對方陷入沉默，也就是在反抗。
- 對方覺得「即使說了也無法解決」、「如果說了會被罵」。
- 對方保持沉默時，並非沒有在思考。
- 一味逼問，對方會更加反抗。
- 不要逼問，耐心等待才是上策。

提問得不到回應？耐心給對方時間

「我們就先不論這件事，明天再說了？」

給對方時間思考，就能恢復冷靜。

阿德勒心理學主張：「如果對方反抗，就先撤退。」這是讓彼此關係不會惡化的方法。

不責罵而是默默等待，會讓對方更加信任你。想成為傾聽高手，一定要有耐心。

對方自顧自說，用一句話減弱他的發言慾

×

「容我說句話，想不到你會那麼說……。」

打斷對方的話、予以否定。

1「○○先生，你是這個意思吧！」

重複對方的話。

2「關於○○，非常值得參考。」

告訴對方從他身上學到很棒的經驗。

3「因此，我的想法是○○」

表達自己的想法。

POINT

- 讓對方的發言如同午後雷陣雨，無法持續三分鐘。
- 中途插話，只會讓對方想發言的慾望更強。
- 耐心等待對方喘口氣休息。

與不對盤的上司交談，先投其所好為上策

×

「這下糟了……討厭……。」（心裡話）

「一定要趕快找機會結束談話……。」（心裡話）

抱持負面情緒交談。

「搞不好能從不同類型的人身上學到東西。」

（心裡話）

抱持正面情緒交談。

POINT

- 一直覺得糟了、想逃避，無法改變現況。
- 不妨試著投對方所好。
- 先想想哪方面可以與對方合作，以這樣的心態交談，就能擁有愉快的交談經驗。

參加工作派對不知所措？這樣攀談超有效

「○○先生，您可以介紹那一位給我認識嗎？」

拜託熟識的人介紹。

「方便的話，可以跟您交換名片嗎？」

自己主動開口。

「剛才○○先生的致詞，說的真好呢。」

「是什麼契機讓您出席這場派對呢？」

尋找彼此的共同點。

POINT

- 抱著目的出席派對。
- 在派對現場，能自然與初次見面的人交談的契機：
  ①拜託認識的人介紹。
  ②敬酒時。
  ③交換名片。
- 不肯主動、只專心吃東西，或是想避開人群，都是不好的心態。

應酬中該怎麼說才得體？讓對方開心最重要

「我負責〇〇的工作，現在正在進行這樣的企劃。今後的發展是△△……。」

一味地介紹自己。

1 「〇〇先生認為重要的事情是什麼？」

2 「那是怎麼一回事呢？」

探尋對方的想法。

POINT

- 應酬是認真傾聽對方說話的場合。
- 徹底扮演好傾聽者角色，你的話不宜比對方多（只有在被問問題時，你才可以開口）。
- 針對上司認為重要的名言、態度、經驗提出問題（只要觸及這樣的話題，都能順利交談）。
- 你用心傾聽，對方會覺得自己得到尊重。

聽到無法認同的內容怎麼辦？勿感情用事

「我不想談論政治話題。」

否定、結束交談。

「〇〇小姐是這麼想的啊！」

暫時接受對方的想法。

「關於這部分，〇〇小姐的看法跟我一樣。不過，關於另一部分，我的見解不同。」

告知見解相同的部分，以及見解不同的部分。

POINT

- 提醒自己不要反對或否定。
- 與對方意見不同時，不要全盤否定（這樣對方比較能接受你的見解）。
- 全盤否定會讓彼此的關係出現裂痕（對方會覺得人格遭到否定）。
- 發言時不可以感情用事（否則會出現致命裂痕）。

善用讓人認為自己值得信賴的用詞

「你好棒！」

「不愧是○○先生！」

對方會覺得你在拍馬屁。

「聽了你這番話，真的非常感激。」

表達感謝之意。

「聽了你這番話，讓我受益良多。」

告訴對方從他身上學到東西。

POINT

- 能贏得對方信賴的人，會做到以下三件事。
  ①認真傾聽。
  ②不扭曲對方的話。
  ③告訴對方被他的一番話所吸引。
- 誇大讚美，反而會讓對方覺得你在否定他。
- 「感謝之意」、「受益良多」是最容易讓對方接受的辭彙。

為工作失利的同事打氣，他就成為你的班底

「是不是計劃不夠周密？」

責難。

「你的客戶又不是只有A公司，從其他公司扳回一成吧！」

激勵。

「請課長幫你分擔部分負責的公司呢？」

傾聽者的意見。

「人生本來就有高有低，不要因為這次失敗就灰心喪志。」

斥責式的激勵。

POINT

- 不要胡亂搭話。
- 責難只會讓對方覺得氣餒。
- 激勵，或是提議的內容，從傾聽者的角度出發，根本不是真的為對方著想。

「幫你舉辦安慰派對吧！」

多餘的建言。

「因為失誤惹惱對方的承辦人，而失去這張訂單嗎？真是遺憾。」

同理心。

「有沒有我能幫上忙的地方？」

詢問。

POINT

- 首先說一句「你很失望吧」，對對方的狀況表達你的同理心。
- 然後詢問對方「我想幫你，我該做些什麼呢？」
- 如果對方說「我想自己靜一靜」，你不需要再多說，在一旁守候即可。如果對方回答「你可以陪我喝一杯嗎？」你就幫他這個忙吧。

部屬遭逢失敗而意志消沉，破解有3個技巧

「你接下這份挑戰時，想得到什麼樣的結果呢？」

勇於挑戰的證明。

「你察覺到什麼重要的事情嗎？」

學習的機會。

「因為這次的失敗，知道以後該留意哪些事情，這樣就夠了。」

防止錯誤重複發生。

「五年或十年後回顧這次的事，覺得自己得到了什麼樣的啟發呢？」

對未來的教訓。

POINT

- 失敗是勇於挑戰的證明，也是學習的機會。
- 不要責備。
- 失敗時的因應重點是①賠罪、②恢復原狀、③避免重蹈覆轍。
- 部屬或企劃團隊成員失敗時，安慰重點是②恢復原狀、③避免重蹈覆轍。

幫助士氣低落的團隊恢復活力，你可以做3件事

伸出援手

「關於那件事，我會這麼做。」

參與

「要不要跟某人合作看看？」

增加認同者

「你也會幫我的忙，對吧。」

POINT

- 團隊士氣陷入低潮時，團隊成員可以做以下三件事：
①伸出援手；②召集所有成員，一起思考改革的方法；③一開始可能只有10%的人贊成，要以獲得40%的人贊同為目標。
- 一旦有40%的人贊同，將會成為一股無法忽視的勢力，可以發揮極大的影響力。
- 不要畏懼反對意見，只要勇敢出聲，就能贏得信賴。

對方說No時，提出替代方案說服他

「全都派不上用場。」

劈頭就全盤否定。

「這是你的提案啊！不過，我覺得這個方案更好。」

「這是你的提案啊！對了，我手邊也有一個跟你的提案一樣優秀的方案。」

POINT

- 傳達反對意見時，要注意以下三件事：
  ①直接說NO（不對）→對方會覺得被全盤否定。
  ②以Yes-But（這樣啊，可是）的方式傳達意見→對方最後還是會覺得自己遭到否定。
  ③以Yes、By the way（這樣啊，對了）的方式傳達意見→先接受對方的意見，再加上自己的意見。
- ③的方式是「對方的意見＋自己的意見＝第三個想法」，也就是在不否定對方的狀態下，彼此達到協調的目的。

聽到尷尬的話題，用「模糊回應法」超有效

彼此剛認識沒多久時

「是這樣嗎？」

不要介入太深，模糊回應即可。

覺得可以贊成知心朋友的意見時

「有時候會覺得再多聽一點身邊人的意見會更好。」

不經意地透露你跟他持相同意見。

意見與知心朋友不同時

「我們公司分成政治與經濟兩個層面來考量。」

明白告知不想談論的話題。

POINT

- 這一招對金錢、政治、宗教、性等話題有效。
- 尤其是政治或宗教的話題，看法比較單純直接，如果不妥善回應，恐會讓關係惡化，但有時反而會拉近彼此距離。
- 對方邀請你參加聚會時，如果價值觀不同，就以有其他約會為藉口，禮貌地回絕對方的邀約，不要捲入是非中。

如何向長輩攀談提問？3個訣竅能令人印象深刻

如果要與平常不太交談的公司董事、客戶公司的董事、總經理級人士、平日不曾謀面的年長親戚共處一室，想必會擔心不曉得該聊什麼話題。

遇到這種情況，要盡量找出彼此的共同話題，再牢記以下的三個訣竅，就能贏得對方歡心，讓他對你印象深刻。以下依照難易程度介紹相處的方法。

1 詢問喜歡閱讀哪一類的書籍。

2 詢問座右銘。

3 請教成功秘訣。

與年長者或頗有地位的人相處時，請牢記上述三個訣竅，表現出感興趣的樣子，並認真傾聽。交談時以對方的話題為主，就能使對話繼續，這是贏得高社會地位人士好感的好方法。

「請介紹你喜歡的書。」

詢問喜歡閱讀哪一類書籍。

「如果您有奉為圭臬的座右銘，請告訴我。」

詢問座右銘。

「您是如何奮鬥，才能有今日的地位？」

請教成功祕訣。

這年輕人很有衝勁，個性坦率。

怎麼說才容易借到錢？千萬別拐彎抹角

「孩子出生後，花費增加不少，我不好向老婆開口，也不敢拜託父母，所以你可以借我一萬元嗎？」

POINT

會讓對方不悅的請託方式：
①拐彎抹角。
②讓人覺得壓力大。
③沒有站在對方立場著想。

「你可以借我一萬元嗎？其實是因為……。」

說明理由。

POINT

對方比較容易接受的請託方式：
①直接開口。
②不會讓人有負擔。
③站在對方立場著想。

怎麼說能得到對方協助？站在對方的立場

代表朋友出面請託

「大家想為〇〇先生辦一場熱鬧的迎新會。想製造驚喜，讓大家知道〇〇先生在公司是什麼樣的人，由您負責辦一場模仿短劇，您覺得如何？」

直接請託。

拜託後輩企劃尾牙活動

「嗨，聯誼會王子！我很希望能借助你的能力。你在大學時代非常活躍，一定可以幫大家企劃一場充滿歡樂的尾牙活動，可以拜託你負責籌備嗎？」

不讓對方有負擔。

拜託上司陪同拜訪

「有件企劃案需要借助部長的力量。如果部長您答應陪同我拜訪客戶，這次的洽談一定可以大有進展……。」

站在對方立場著想。

高明的溝通：傳達自己的心情，驅使他人行動

●凡事講理的人無法打動人心

曾有人這麼說：「世上沒有『理動』這個詞，因為光講理無法感動人。但是，有『感動』這個詞，因為訴諸感情能打動人心。」

相較於以說道理打動人，直接表達自己的情緒，觸動對方的感情，才能真的打動人心。

假設想邀約某位講師參加低酬勞的演講，以下有兩種表達方式，您認為哪一種方式比較能讓這位講師接受呢？

①「我想邀請〇〇老師您擔任講師。我拜讀過您的書，因此想邀請您來演講。不過，我無法付足夠的講師費，您願意接受這份邀請嗎？」

②「我一定要邀請老師來演講，所以斗膽打了這通電話。老師的書讓我深受感動。只是，可能要請您見諒，很遺憾地演講費不夠。不過，還是可以請您答應我們的邀約嗎？」

①的邀請方式，會讓受邀約的人也變得理性，就像進行一場商業交易。然而，②的邀請將內心想法全數傳達，講師便能感受到那份情意，願意助一臂之力。

不要依理行事，而是要用感性感動人，學會表達情緒的傳達方法。

傾聽高手平常就會
仔細傾聽，確實掌
握對方會因為什麼
事而感動。

專欄

做簡報有事前準備嗎？學賈伯斯的彩排經驗

當你是發言人，想要用言語說服別人時，「清楚知道如何說話才能說服別人」、「先想好自己想說的話」是非常重要的。

沒有人能在沒劇本的情況下演戲。**當你必須在人前說話或是說服某人時，首先要想好並推敲自己想說的話。**

二〇一一年十月去世的蘋果創辦人史蒂芬・賈伯斯，據說在每次舉辦新產品發表會之前，會花好幾天時間思考，一再推敲他想說的話，還會事先彩排。

只要不斷累積經驗，自然就會習慣在人前發言，請以向對方求婚的心情，慎重整理推敲你的發言內容。

阿德勒說：「人的心理與物理學不同，指責問題的原因，只會剝奪別人的勇氣，應該將焦點放在如何解決、是否有解決的可能性。」

第六章

阿德勒教你，只見一次面就能成為知己

本章將介紹，在日常生活或私人場合會遇到的各種情況，以及適當的回話技巧。

怎樣與初次見面的人愉快聊天10分鐘？

「你是〇〇小姐吧？可以知道妳名字的由來嗎？」

「請問你是哪裡人？」

「你喜歡什麼呢？」

POINT

- ①名字、②出身地、③興趣、④家人，是容易讓彼此建立信賴關係的話題。
- 交談內容比例，以對方7：自己3為準。
- 突然就聊工作，有的人可能會退卻，不想跟你交談。

遇到平常沒有往來的人，不須勉強找話題

「後來怎麼樣呢？」

「你好嗎？最近過得如何？」

當個傾聽者。

「這麼說來，〇〇先生最近好像搬回這裡了。」

聊彼此都認識的人。

POINT

- 不需要長時間交談。
- 刻意聊很久，反而讓彼此不自在。
- 一句或兩句話就結束交談，讓話題自然結束即可。

如何終止對方發牢騷，並轉成正面思考？

✕

「你要發牢騷到什麼時候？」

打斷、否定。

「○○先生很有愛心呢！」

「關於△△，你很關心喔！」

傾聽高手都擅長換話題，也就是重組談話內容。請參考第100頁以後的圖表。

POINT

- 打斷對方的話或否定，只會造成反效果。
- 將對方的負面語言換成正面語言，再對他說一次。
- 如果換成正面語言，並告訴對方，就算你沒有直接否定他說的話，他也會察覺到自己說錯話了。

透過「提問引導」，讓對方說出真正想法

「總之，你就是這麼想的吧？」

成見。

「那個嘛，嗯，實在很難懂……。」

拐彎抹角、猶豫不決。

「說真的，你到底是怎麼想的？」

給對方時間，讓他冷靜。

「你希望是什麼樣的結局？」

詢問對方心中理想的目的、看法。

POINT

- 抱持成見的說法會更傷對方的心。
- 拐彎抹角的問法，無法將你真正的想法傳達給對方知道。
- 直接問對方的最終目的為何，引導出對方內心深處真正的想法。

傾聽時，留意對方的需求才能提升信任感

● 關心對方有何需求

當你扮演傾聽者時，關心說話者、留意對方的需求是非常重要的。

我指導立志成為心理諮商師的學員時，會告訴他們：「沒有需求（必要性），就不必主動提供。」對於原本不想諮商的人，不必給予建言。還有，在尚未弄清楚對方的需求時，不要一味地給予各種忠告。在適當時機給予建言，客戶（接受諮商的人）才會全然接受。

當你扮演說服者時，也是一樣的原則。想要說服尚未做好接受準備的人，他會反抗，即使表面贊成，其實根本不接受你的說詞。然而，**當對方做好準備，你告訴他自己的想法和期望，他很快就會接受。**

所以在說服他人時，希望你留意對方的需求。

需求就是做對對方有利的事。這裡所謂的有利，指的並不是經濟上的利益（賺錢），而是精神上的獲利（變快樂、獲得大家讚美、與身邊人維持良好關係、自己有能力付出、確認自己有進步、成長等）。

不論你扮演傾聽者或說話者，都要思考對方有什麼需求，對方想獲得什麼樣的好處，並且養成這個習慣。如此一來，大家對你的信任感就會提升。

安慰他人，先問對方希望自己怎麼做？

一起哭。突然用手抱著他的肩膀。

「有我能做的事嗎？」

「我該怎麼做才好？你希望我怎麼做？」

詢問對方的需求。

請參考阿德勒心理學中重要的觀念「課題分離」。（請參考第44頁）

POINT

- 不宜刻意表現得太親近。
- 不宜涉入太深。
- 過度親近時，只會讓對方依賴心更重。
- 有的人渴望別人安慰，有的人想獨處，所以要詢問對方有何需求。

提出5W1H開放式問題，讓對方容易開口

✕

「你知道○○嗎？△△已經結束了嗎？」

一再提問對方只需要回答「是」或「不是」的問題。

「這是什麼？」

「什麼時候開始呢？」

「在哪裡舉行呢？」

提出5W1H的問題，讓對方一定要回答。

POINT

- 一再提問以「是或不是」回答的「封閉式問題」，會讓對方覺得煩，而不想回答。
- 封閉式問題只適用於要開啟話題時。
- 提出以5W1H回答的開放式問題，比較容易讓對方開口。
- 「○○或△△，你覺得哪個好？」的問題，就是讓話題繼續的契機。

他人的發言令你怒火中燒，該怎麼平靜下來？

「那麼做不對吧！」

捲入對方的情緒中，變得感情用事。

「能不能明天再說一次？」

提議換個場合或時間。

POINT

- 當你聽到對方的話覺得生氣時，通常是因為兩種情況：①你想掌握主導權時；②對方的價值觀與你相反時。
- 大原則就是不要被對方影響。
- 為了讓自己冷靜，可以提議換個場合或時間再說。

當對方情緒失控，這樣安撫就對了

「你為什麼那麼生氣？」

問原因「為什麼？」

「那個很奇怪。」

給予批評。

「原來〇〇先生是這麼想的。」

「〇〇先生想說的其實是△△吧！」

POINT

- 不要以情緒回應情緒。
- 重複一次對方的話，可以讓對方冷靜。
- 以冷靜的態度面對對方的怒火，對方自然也會冷靜下來。

他人的發言太過震驚時，不必特別掩飾

「你真的做了那種事？」

責備對方。

「我真是不敢相信！」

否定人格。

「對我而言，真的是意想不到。」

以「我」為主詞，傳達想法。

「我真的嚇到了，現在完全不曉得該說些什麼才好。」

不必勉強自己隱藏受到動搖的心。

POINT

- 內心動搖並不是壞事。
- 傾聽者本身怎麼想，那是他的自由。
- 以「我」為主詞，表達自己的感受，等於是柔性抗議。

彼此都不擅長交談，對話怎樣延續下去？

「……」

彼此不說話，陷入沉默中。

「如果是C先生，這種時候他會如何因應呢？」

把彼此認識的朋友當成話題聊。

三個人的時候

「那麼，○○小姐是怎麼想的？」

把話題丟給口才較好的那個人。

POINT

- 當雙方關係無話可談時，建立三人關係的交談模式，就有話聊。
- 無論提到的第三人有沒有實際在現場，這一招都有效。

相親聯誼，6個訣竅給對方留下好印象

✕

「我覺得……、我認為……。」

一直在說自己的事。

「年收入是多少呢？」

唐突失禮。

「就我看來，這一點很棒。」

評價、上對下的語氣。

「〇〇小姐喜歡什麼東西呢？」

「今天能認識您，非常開心。謝謝您。」

POINT

- 想要讓初次見面的人留下好印象，請牢記以下重點：
  1 賦予真誠的關心。2 臉上掛著微笑。
  3 記住對方名字。4 當個徹底傾聽者。
  5 找出對方關心的事物。6 誠心讚美。
  資料來源：戴爾·卡內基《討人喜歡的六大原則》

懂得尊重及珍惜，心儀對象會更喜歡你

✕

「那種事我沒興趣。」

漠不關心。

「對○○先生來說或許很重要，但我想法不同。」

否定。

「我覺得你如此珍惜家人很了不起。」

肯定。

POINT

- 珍愛對方所珍惜的人事物，對方會覺得自己也受到尊重。
- 不需要勉強自己「我也一定要喜歡」。
- 只要尊重對方的興趣或珍惜的事物即可。

情人陷入低潮，這樣表達關心最恰當

✕

「你到底要灰心喪志到什麼時候？」

責備。

「現在不是意志消沉的時候吧！」

批評。

「沒問題！一定會有好事發生！」

激勵。

默默陪伴在身邊。

「我可以做什麼？」

POINT

- 確認對方有沒有想說話的意願。
- 不宜過度關心或漠不關心
- 不要傷害對方的自尊心。
- 最重要就是尊重對方的需求。

夥伴有好事發生，同理心和分享使關係更緊密

「了不起！」

上對下的語氣。

「下次要更上一層樓喔！」

施予壓力。

「你會不會有點得意忘形了？」

批評。

「恭喜！」

「看到你這麼開心，我更開心！」

POINT

- 若不願與人一起分享喜悅，就會讓人覺得有距離感。
- 正面的同理心或是分享，能讓彼此關係更親密。
- 若是能和對方一起分享喜悅，改天換你有好事發生，對方也一樣會為你感到開心。

與戀人的父母見面，給足面子讓日後好相處

不主動開口。
不尊重對方父母。

「我會一輩子珍惜〇〇小姐。」

POINT

- 支持對方。
- 尊敬對方父母。
- 能否給對方雙親面子，會影響日後的翁婿或婆媳關係。
- 對母親而言，女性是敵人；對父親而言，男性是敵人。千萬不要忘了這些關係。

重點建議

這樣做，能讓另一半的親人對自己有好感

希望另一半的父母或親人對自己有好感，務必牢記以下三個原則：

1 **以職場人際關係看待翁婿關係、婆媳關係。**
2 **確實遵守婚喪喜慶的禮儀。**
3 **表現出你很珍惜與尊重他們的態度。**

比較看重自己家人，或是在對方親人面前數落另一半，都會讓你的好感分數大打折扣，絕對要避免這些行為。不要忘記對公婆或岳父母而言，他們心裡想見的人是自己的孩子、孫子。

把另一半的家人、親人看得比自己的家人、親人還重要，這是維持幸福婚姻生活的關鍵。

專欄

度量大不大？看他接受身邊人回饋時的反應

想知道一個人的器量如何，看他在接受身邊人回饋時，是否態度謙虛就能得知。

器量小的人會為芝麻小事動怒，而且總是將自己的言行合理化。對於身邊的人為了自己好而給予的勸告，全部當成是在批評、責備自己，還時常會反駁。

相對地，**器量大的人面對嚴苛的意見或批評，會當成對方為了自己好才說這些話，也會把這些意見或批評，當成讓自己成長的食糧。**雖然有時候會略感不悅，但仍會抱持感恩的心。

能以謙虛態度傾聽別人意見的人，一定會很有成就。這樣的態度是成為真正傾聽高手的重要關鍵。

阿德勒說：「這個世界上確實存在著惡、困難及偏見。然而這是屬於我們的世界，它的好處與壞處也都屬於我們。」

第七章

掌握個性類型，就能知己知彼百戰百勝

先了解對方的個性再交往，比較容易建立良好的人際關係。本章將介紹，以阿德勒心理學為依據所區分的個性類型。你和身邊的人屬於哪種類型呢？

6種類型，區分出你身邊人的個性

在心理學上，把一個人特有的思想、感情、行為特質稱為「個性」。個性一旦養成後，就很難改變。但是，**阿德勒心理學認為，只要接受教育，加上本人自發性地努力，就可以改變一個人特有的思想、感情及行為**。為了與個性有所區分，在此將思想、感情、行為特質稱為「生活型態」。

以下將生活型態大致區分為六大類型（每個人的傾向程度不同）。這六大類型可以當成與人交談時的參考。

攫取者
（野心型）

寶寶
（嬰兒型）

司機
（火車頭型）

控制者
（自我壓抑型）

興奮探索者
（熱情探險家型）

扶手椅
（安逸型）

攫取者（野心型）

- 把「別人侍奉自己是理所當然」奉為信條。
- 依附攻擊型。
- 施與受的比例中，受的比例高，重視自己的利益。
- 渴望擁有金錢、物品、別人的關注。
- 與人交往都有目的，如果這個人無法滿足自己的期望，就會生氣。
- 朋友關係中，在意對方能為自己做什麼。

與這種人的相處方式

- 善用這個人的優勢。
- 製造機會讓他對大家有所貢獻。
- 當這種人做出對的行為，要給予關注。

寶寶（嬰兒型）

- 渴望得到別人保護。
- 被動依賴。
- 喜歡強調自己的弱點，企圖得到別人的援助和保護。
- 不會積極、主動地為他人做事。
- 總是依賴別人，從來不會思考自己的人生課題。
- 單方面認為自己值得擁有特別待遇。
- 很在意別人的看法，會委曲自己配合別人。
- 為了討上司或長輩喜歡，會在背地裡努力。

與這種人的相處方式

- 讓這種人當協調者。
- 訓練他的領導能力。
- 告訴這種人你認同他的能力。

司機（火車頭型）

- 立定志向：「我一定要成為優秀的人。」
- 非常認真、努力。
- 總是想得第一，想成為焦點人物。
- 有時候太強勢，身邊的朋友會反抗。
- 在人際關係中，總想扮演掌權者，攻擊性很強。
- 充滿活力，每天很忙碌，但其實內心深處空虛，為了消除這份不安，才拚命做事。

與這種人的相處方式

- 讓他發揮領導才能。
- 讓這種人擔任參謀。
- 要避免與他爭奪主導權。

控制者（自我壓抑型）

- 把「我絕對不能失敗」奉為人生信條。
- 非常守時，愛乾淨，重視儀容、秩序、規矩。
- 不太會情緒化。
- 大家給他的評語是「冷靜」、「理性」。
- 工作一定依照步驟和計劃行事。
- 如果遭遇突發狀況，會覺得困擾而手足無措。大家覺得這種人「不懂得變通」。
- 工作態度力求謹慎準確。可以安心把工作交給這種人處理。

與這種人的相處方式

- 有事請託時，要說清楚截止期限和內容詳細。
- 要接受這種人的回饋。
- 有時要勸告他生活不要過得太嚴謹，要懂得娛樂休閒。

興奮探索者（熱情探險家型）

- 隨時隨地都要追求刺激。
- 好奇心旺盛。
- 喜歡活動、嘉年華會等熱鬧場合，會故意讓自己陷於險境，有時候玩得過火，便破壞規矩。
- 剛開始很投入，卻老是中途放棄。
- 因為好奇心和玩心特別重，常有奇特的點子。

與這種人的相處方式

- 誘導這種人懂得分享，與朋友同樂。
- 尊重他的點子。
- 先在他的身上綁繩子，才能任由他自由飛翔。

扶手椅（安逸型）

- 把「輕鬆快活過日子」奉為人生信條。
- 大家都認為：「只要他肯認真做事，一定可以發揮更多能力。」但他總是不在乎，讓大家為他乾焦急。
- 怕麻煩、怕吃苦、怕負責任，工作表現不理想。
- 這種人也有他的堅持，但是身邊人不知道他的堅持是什麼。

與這種人的相處方式

- 不要讓他與同類型的人聚在一起。
- 尊重這種人的獨特觀點。
- 有事請託時，要鎖定重點告訴他。

6種類型，在交往時得避免的事項

接下來將說明各類型人的交往重點，也會告訴各位應該避免的相處方式是什麼。

每個人都有優點、缺點、引人注目的專長。如果只注意某人的缺點，他的行為就會往負面發展；如果多關心一個人的優點，他的行為便會越來越積極正面。

關於缺點，不論是說人缺點的人或是被說有缺點的人，心裡都不好受。不論與哪種類型的人交往，都要多關心他的優點，不要一直挑缺點。

6種類型衍生出這些複合型

除了前述的六大類型，有些人的個性是複合型。

攫取者＋司機

別稱 有才華的人

- 這種人非常能幹，渴望獲得別人的關心或注意。
- 多半是藝人，會為了得到關注而努力。
- 對於金錢、權力特別敏銳，也會努力取得。
- 多數是成功人士，但如果得不到關注，就失去動力，可能因此遭遇大失敗。
- 這種人擅長奉承名人、有權者。

與這種人交談時

- 用「真了不起」、「不愧是……」，表示你的感動。
- 指出他與某位知名藝人有何相似之處。
- 為他提供可成為主角的舞台。

司機＋寶寶

別稱　中間管理職

- 得到上司信賴會更努力的人。
- 老么領導型、協調型領導人。
- 一旦贏得長輩或後輩的信賴，就誠心獻上自己的力量，發揮領導才能。
- 將這種人擺在適合的職位，會有好的表現。

與這種人交談時

- 要感謝他對你的細心和關心。
- 製造機會，讓他發揮決斷力和領導力。
- 將負責改革的領導任務交給這種人。

司機＋控制者

別稱 完美主義者

- 以壓力管理學來看，這種人是A型人。
- 不容許絲毫的模糊空間，自律甚嚴，對別人也很嚴厲。
- 朝著目標努力，期許做到盡善盡美。
- 絕對不會妥協的工作狂。

與這種人交談時

- 避免使用曖昧的語氣。
- 從他手中接下工作時，一定要清楚確認何時完成、需要做到什麼程度。
- 告訴這種人你很信任他。

司機＋興奮探索者

別稱 企劃案推動者

- 擅長短期集中心力，全力衝刺，但持續力不足。
- 做事有時虎頭蛇尾。
- 如果以田徑比賽比喻，這種人擅長短跑，不善於長跑。
- 不喜歡受到干涉。
- 相較於每天做一樣的工作，企劃案等需要短期完成的工作，會全心投入努力做好。

與這種人交談時

- 要共享喜悅。
- 要拿出清楚的路線圖，譬如一個月後、三個月後要完成到哪個階段。
- 你要負責引導這種人，不能讓他脫軌。

寶寶＋控制者

別稱 追隨者

- 只會觀察情況，卻不想起身行動。
- 會觀察別人，只有在他認為必須出馬時，才會採取行動。
- 不適合當領導人，卻是很棒的追隨者。
- 因為不會主動出擊，會有「早知道就去做」而後悔的時候。

與這種人交談時

- 要清楚指示他的責任範圍。
- 你要好好發揮指導他的能力。
- 多對他說一些能賦予勇氣的話。

控制者＋興奮探索者

別稱　堅持到底的人

- 即使要花很長時間才能完成工作，也不會覺得苦。
- 長年埋首於同一件事也不為苦。
- 不會三心二意。
- 即使是特殊才能，也能發揚光大。

與這種人交談時

- 要認同他的韌性。
- 讓他專心鑽研自己擅長的領域。
- 讚賞他的耐力和韌性，安排合適的任務。

結語
簡單運用阿德勒心理學，人際關係成為你的最大寶藏

謝謝您耐心閱讀本書到最後。

阿德勒心理學在人際關係與溝通等領域的應用，都有非常棒的效果。我傳授阿德勒心理學已超過三十年，在這段時間，我執筆撰寫各種主題的作品，尤其是關於溝通的著作就有兩本，分別是《阿德勒心理學的心靈諮商養成教育》和《阿德勒開心交談術》。

不過，前者是以管理階層為主要對象所撰寫的心理諮商書籍，傾聽方法只是附帶提到。後者是講述說話術、表達方法的書籍。因此，我一直想撰寫一本專門講述傾聽術的書籍。

許多到Human Guild接受諮商的人，都有人際關係方面的困擾，而且問題多半在溝通上。幾乎每個人都異口同聲地說：「我想更清楚地向對方表達我的心情。」但

是，這些人在聽到對方的話之後，不曉得該如何因應。也就是說，溝通不良的關鍵在於傾聽。

此外，許多人都有另一個誤解。職場上，主管都會想：「該如何與部屬交談？」「如何才能與部屬好好溝通？」於是閱讀說話術、簡報術的書籍。雖然主管擁有良好的說話術、溝通技巧很重要，但部屬真正想要的是「希望主管好好聽自己說話」，所以主管的口才好不好倒是其次。

基於這樣的想法，加上我認為「擅長溝通，人際關係會變好」的基本關鍵，在於傾聽方法，於是想撰寫專門講述傾聽術的書。然後，就在奇妙的機緣下，KANKI出版社幫我完成這個心願。

各位手上的這本《阿德勒教你用傾聽給人勇氣》，是以阿德勒心理學觀點來講解傾聽術的書籍。

不論你是否天性害羞或口才不好，都不是問題。如果你能牢記本書所列的重點，並且實踐「傾聽高手祕招」，就能創造三個結果：一、讓對方對你有好感；二、獲得豐富的資訊；三、解決你與對方的相處問題。這不僅可以讓你與對方建立信賴關係，還可以讓你變得更討人喜歡，衍生出更多附加價值。總之，請務必實踐、挑戰看看。

本書是以明日香出版社所出版的《圖解傳授！「說話術」》內容為依據製作，在KANKI出版社常務董事山下津雅子女士、SILAS諮商顧問公司執行長星野友繪女士的大力協助下，大篇幅增補修正。如果沒有兩位的協助，就無法輕鬆地完成這本書。

在此向山下女士、星野女士致上謝意，也要向協助版權轉讓事宜的明日香出版社致謝。

國家圖書館出版品預行編目(CIP)資料

阿德勒教你用傾聽給人勇氣：1 句話、1 個眼神，就能讓對方敞開心房的療癒技巧！／岩井俊憲著；黃瓊仙譯. -- 第三版. -- 新北市：大樂文化有限公司，2024.03
240面；14.8×21公分. --（Smart；125）
譯自：アドラー流 一瞬で心をひらく聴き方

ISBN 978-626-7422-13-7（平裝）
1. 職場成功法 2. 說話藝術 3. 人際關係
494.35 113001976

SMART 125

阿德勒教你用傾聽給人勇氣（復刻版）

1 句話、1 個眼神，就能讓對方敞開心房的療癒技巧！

（原書名：阿德勒教你用傾聽給人勇氣）

作　　者／岩井俊憲
譯　　者／黃瓊仙
封面設計／蕭壽佳、蔡育涵
內頁排版／楊思思
責任編輯／簡孟羽
主　　編／皮海屏
發行專員／張紜蓁
發行主任／鄭羽希
財務經理／陳碧蘭
發行經理／高世權
總編輯、總經理／蔡連壽
出 版 者／大樂文化有限公司（優渥誌）
地址：220 新北市板橋區文化路一段 268 號 18 樓之一
電話：（02）2258-3656
傳真：（02）2258-3660
詢問購書相關資訊請洽：2258-3656
郵政劃撥帳號／50211045　戶名／大樂文化有限公司

香港發行／豐達出版發行有限公司
地址：香港柴灣永泰道 70 號柴灣工業城 2 期 1805 室
電話：852-2172 6513　傳真：852-2172 4355

法律顧問／第一國際法律事務所余淑杏律師
印　　刷／韋懋實業有限公司

出版日期／2017 年 1 月 03 日 第一版
2024 年 3 月 28 日 第三版
定　　價／280元　（缺頁或損毀的書，請寄回更換）
I S B N／978-626-7422-13-7